Guenson EXIL

Rentabilidade económica das explorações hortícolas

Guenson EXIL

Rentabilidade económica das explorações hortícolas

Análise da rentabilidade económica das explorações hortícolas da comuna de Saint Raphaël (2022)

ScienciaScripts

Imprint

Any brand names and product names mentioned in this book are subject to trademark, brand or patent protection and are trademarks or registered trademarks of their respective holders. The use of brand names, product names, common names, trade names, product descriptions etc. even without a particular marking in this work is in no way to be construed to mean that such names may be regarded as unrestricted in respect of trademark and brand protection legislation and could thus be used by anyone.

Cover image: www.ingimage.com

This book is a translation from the original published under ISBN 978-620-6-72569-5.

Publisher:
Sciencia Scripts
is a trademark of
Dodo Books Indian Ocean Ltd. and OmniScriptum S.R.L publishing group

120 High Road, East Finchley, London, N2 9ED, United Kingdom
Str. Armeneasca 28/1, office 1, Chisinau MD-2012, Republic of Moldova, Europe
Printed at: see last page
ISBN: 978-620-8-22233-8

ANÁLISE DA RENTABILIDADE ECONÓMICA DAS EXPLORAÇÕES HORTÍCOLAS DA SECÇÃO COMUNAL DE SAN-YAGO, COMUNA DE SAINT-RAPHAËL (2022)

DEDICAÇÃO

Este trabalho é dedicado a :

> ➢ *Os meus pais Bertilde Faustin e Etienne EXIL;*
> ➢ *Os meus irmãos Bermano e Levity ;*
> ➢ *Administradora Mielleda LORISTHENE ;*
> ➢ *Os meus colegas da turma de 2017-2022.*

AGRADECIMENTOS

Esta dissertação é fruto de um esforço considerável e é essencial expressar a minha gratidão a todos aqueles que me apoiaram de várias formas para que este trabalho se concretizasse.

*Em primeiro lugar, um agradecimento especial ao meu conselheiro científico, o Agroeconomista **Désilhomme SATYR M.Sc**, que, apesar dos seus muitos compromissos, ofereceu generosamente os seus conselhos e comentários desde o início até ao fim deste trabalho.*

*Gostaria também de exprimir a minha gratidão a **Jackson GERVAIS** Ing-Agr. M. Sc pelos seus conselhos preciosos, e ao economista **Maqueinder CHARLES**, estudante de doutoramento, cuja contribuição ativa enriqueceu a minha formação.*

*Muito obrigado à **reitoria** da universidade pelo seu empenho e apoio contínuo à formação e desenvolvimento dos estudantes.*

*Gostaria também de expressar a minha gratidão ao **Comité Científico** pelo seu empenho em melhorar a qualidade da investigação na universidade.*

Os meus agradecimentos aos responsáveis pela direção, em especial ao coordenador da FSAA.

***Jackenson MAURICETTE** Ing. Agr. M. Sc, pelo seu apoio constante.*

*Um punho de agradecimento vai também para todos os meus camaradas da turma de 2017-2022, especialmente para: **JOSEPH Yvenel, BELFLEUR Roodley, RAPHAEL Valmir, CHERY Dieuseul** pelo seu apoio.*

*Gostaríamos de agradecer calorosamente aos engenheiros agrónomos **Lordanson JOACHIM** e **Willy PARFAIT**, bem como ao estudante **Charlot JOSEPH**, pela sua preciosa ajuda.*

*Gostaria também de agradecer a **todas as pessoas que me abriram as suas portas** para que eu pudesse realizar o inquérito.*

*Por último, gostaria de agradecer aos **membros do júri**, que deram o seu melhor para estarem presentes, e que têm a nossa mais profunda gratidão.*

RESUMO

A comuna de Saint-Raphaël desempenha um papel crucial na produção hortícola da região Norte, mas enfrenta problemas que põem em causa a sua rentabilidade económica. Além disso, o município não dispõe de dados completos sobre a rentabilidade das explorações hortícolas. Neste contexto, o nosso estudo tem por objetivo analisar a rentabilidade económica das explorações hortícolas do referido município, a fim de identificar os principais factores que influenciam a sua rentabilidade. Para o efeito, foram definidos cinco objectivos específicos. Os dados foram recolhidos numa amostra aleatória de 113 explorações hortícolas e analisados com recurso a software especializado, como o SPSS 17.0 e o InfoStat. Os resultados mostram que 80% dos inquiridos são homens, com uma idade média de 45 anos, e que 71% dos produtos hortícolas produzidos se destinam ao mercado. Relativamente à classificação das explorações hortícolas, 11 explorações, ou seja, 10%, foram consideradas pobres, 18 explorações, ou seja, 16%, foram classificadas como medíocres, 52 explorações, ou seja, 46%, foram classificadas como médias, enquanto 32 explorações, ou seja, 28%, foram consideradas ricas. Além disso, as explorações hortícolas geram um rendimento total de 674.767,25 HTG ($5.111), com uma taxa de rentabilidade económica estimada em 50%. No final do estudo, recomendou-se que os horticultores se concentrassem mais no cultivo de alho-porro, reforçassem as infra-estruturas hidro-agrícolas, melhorassem as suas capacidades empresariais e desenvolvessem empresas agro-alimentares para garantir a sustentabilidade dos produtos hortícolas.

Palavras-chave: exploração hortícola, rentabilidade económica, alho francês, beterraba, cenoura e Saint Raphaël

ÍNDICE DE CONTEÚDOS

I- INTRODUÇÃO

A agricultura é a principal fonte de rendimento para 80% das pessoas pobres do mundo, desempenhando um papel crucial na redução da pobreza e na melhoria da segurança alimentar (Banco Mundial, 2021). Em 2018, representava 4% do PIB mundial, chegando mesmo a ultrapassar os 25% em alguns países em desenvolvimento. Este é particularmente o caso do Haiti, onde a agricultura representa 22% do PIB e cria 68% do emprego nacional total (Jeanniton & Bellande, 2016). Em 2021, a produção média mundial de hortaliças é estimada em 230.882 toneladas métricas, divididas em 903,19 toneladas na Ásia, 89,27 toneladas na Europa, 85,6 toneladas na América, 73,14 toneladas na África e 3,4 toneladas na Oceania (Statista, 2023). No Haiti, a produção média de vegetais foi estimada em 155.200 toneladas em 2013, caindo para 120.748 toneladas em 2020. (De facto, a horticultura comercial desempenha um papel importante em várias regiões do país, nomeadamente em comunas como Kenscoff, Maïssade, Cerca-la-Source, Saint-Raphaël, Ouanaminthe, Capotille, Hinche e outras (St-Pierre, 2022). Em Saint-Raphaël, a horticultura comercial desempenha um papel particularmente importante na vida económica dos agricultores. Os principais legumes cultivados são a cebola, a cenoura, o alho francês, o tomate, a beringela e a beterraba (François, 2017). Estas culturas respondem às necessidades alimentares, educativas e económicas dos agricultores locais, pelo que, dada a importância crucial das culturas hortícolas nesta comuna, a melhoria da sua rentabilidade económica deve ser um objetivo central das políticas de desenvolvimento. O objetivo do presente estudo é analisar a rentabilidade económica das principais explorações hortícolas de Saint-Raphaël em 2022, a fim de identificar os factores que influenciam a sua rentabilidade e determinar o seu nível de rentabilidade. Para tal, este estudo está organizado em quatro capítulos: o primeiro introduz o contexto geral e o problema, o segundo discute a revisão da literatura, o terceiro apresenta o quadro metodológico do estudo e o quarto apresenta os resultados e as discussões, nomeadamente sobre a rentabilidade económica das explorações hortícolas do município de Saint-Raphaël.

1.1- Questões

A produção agrícola mundial está ameaçada pelos efeitos crescentes das alterações climáticas, sobretudo nas regiões do mundo que já sofrem de insegurança alimentar (Banco Mundial, 2021). Apesar da importância da agricultura para a economia, o aumento lento da produção alimentar e as flutuações acentuadas de um ano para o outro continuam a ser problemas importantes e crónicos para os países em desenvolvimento e são as principais causas do agravamento da pobreza e da insegurança alimentar (FAO, 2000). No Haiti, a maioria dos agricultores pratica uma agricultura de subsistência devido à falta de apoio técnico e depende em grande medida de técnicas de cultivo tradicionais (FAO, 2022). 90% das explorações agrícolas dependem da precipitação. No entanto, apenas 10% são irrigadas, mas enfrentam problemas de sedimentação e de drenagem deficiente (FIDA, 2021). Esta situação é típica da comuna de Saint-Raphaël, onde as zonas irrigadas estão em mau estado devido à seca, à falta de limpeza dos canais e à má gestão das infra-estruturas hidroagrícolas (François, 2017). Estes constrangimentos têm um impacto negativo nas explorações hortícolas da zona, dificultando assim a rentabilidade técnica e económica das culturas hortícolas.

Para além dos problemas de indisponibilidade de mão de obra contratada e de água de rega, a falta de assistência (técnica, material e financeira), a proliferação de bio-agressores (doenças, insectos e ervas daninhas) e o elevado custo e indisponibilidade de fertilizantes minerais. Outros problemas estruturais são igualmente evidentes, tais como a falta de crédito agrícola combinada com a fraca capacidade de autofinanciamento dos agricultores, a acessibilidade limitada e a disponibilidade insuficiente de factores de produção agrícola melhorados, combinadas com serviços de apoio agrícola inadequados, são também problemas enfrentados pelos agricultores da comuna de Saint-Raphaël.

Por outro lado, apesar do potencial de rendimento muito elevado das culturas hortícolas, os problemas acima referidos comprometem o seu rendimento na comuna, nomeadamente o alho francês (1 600 kg/ha), a cenoura (3 000 kg/ha), a beterraba (1 546 kg/ha) e a couve (5 000 kg/ha) (MARNDR, 2015). Estes rendimentos traduzem-se num valor acrescentado médio insignificante, atingindo apenas 128.490 HTG/ha em 2015 (Ibid.). Além disso, a rentabilidade económica da produção hortícola, em particular das culturas abrangidas pelo estudo, não foi suficientemente documentada em estudos anteriores realizados na área de estudo. Tendo em conta estes problemas, é oportuno perguntar: Quais são os principais factores que influenciam a rentabilidade económica das culturas hortícolas no município de Saint-Raphaël? Quais são os principais constrangimentos à rentabilidade económica na comuna de Saint-Raphaël? Consciente destes problemas e desejoso de contribuir para a sua resolução, este trabalho visa, por um lado, identificar os factores que influenciam a rentabilidade económica das culturas hortícolas e os constrangimentos associados à produção hortícola. Por outro lado, procura propor soluções para melhorar a rentabilidade económica das explorações hortícolas da comuna de

Saint Raphaël. Estas são as principais preocupações do presente estudo, que visa analisar a rentabilidade económica das explorações hortícolas da comuna de Saint-Raphaël.

1.2- Hipóteses de investigação

No âmbito do presente trabalho, estão a ser testadas duas hipóteses.
➢ Os factores socioeconómicos influenciam a rentabilidade económica da horticultura na comuna de Saint-Raphaël.
➢ Os constrangimentos técnicos, ambientais, infra-estruturais, económicos, financeiros e institucionais têm um impacto negativo na rentabilidade económica de Saint-Raphaël.

1.3- Objectivos do estudo

Este estudo inclui um objetivo geral e objectivos específicos.

1.3.1- Objetivo geral

O objetivo geral do presente estudo é analisar a rentabilidade económica das explorações hortícolas da comuna de Saint-Raphaël.

1.3.2-Objectivos específicos

Os objectivos específicos deste estudo são :

➢ Analisar as caraterísticas socioeconómicas dos horticultores e das explorações agrícolas do município de Saint-Raphaël ;
➢ Identificar os itinerários técnicos utilizados pelos horticultores da comuna de Saint-Raphaël ;
➢ Classificação das explorações hortícolas em Saint-Raphaël ;

➢ Avaliar os indicadores de rentabilidade económica de cada cultura no município de Saint-Raphaël ;
➢ Identificar e analisar os constrangimentos e os pontos fortes das explorações hortícolas de Saint-Raphaël.

1.4 Interesse do estudo

Este estudo reveste-se de um triplo interesse pessoal, científico e técnico:

➢ Trata-se, por si só, de uma exigência académica imposta pela faculdade com vista à obtenção do nosso diploma final;

> O seu valor científico reside no facto de destacar dados qualitativos, quantitativos e verificáveis sobre a rentabilidade económica das explorações agrícolas na zona-alvo, o que pode fornecer à literatura científica atual informações adicionais que podem servir de bússola para novas investigações na zona de estudo e noutros locais;

> Devido ao seu interesse técnico, os resultados do nosso estudo poderão, à escala local, permitir aos horticultores tomar decisões económicas e financeiras sólidas e contribuir como instrumento de orientação e de consulta para a política de desenvolvimento agrícola da comuna de Saint-Raphaël.

1.5- Limitações do estudo

O objetivo do estudo era analisar a rentabilidade económica das explorações hortícolas da comuna de Saint-Raphaël. No entanto, não teve em conta o rendimento, o lucro agrícola gerado por cada tipo de cultura, os indicadores de desempenho ambiental, o impacto das pragas e doenças, as perdas de rendimento devidas aos bioagressores e os diferentes sistemas de cultivo de produtos hortícolas no município.

II- REVISÃO DA LITERATURA

Este capítulo passa em revista os conceitos-chave, como a noção de exploração agrícola, sistema de cultivo, rendibilidade e seus determinantes na literatura teórica. Em seguida, são apresentadas as exigências edafoclimáticas das culturas consideradas.

2.1- Definição de conceitos-chave

Esta secção apresenta definições de conceitos-chave relacionados com o estudo, retiradas de vários autores.

2.1.1- Actividades agrícolas

Diversas definições de exploração agrícola foram já propostas por diferentes autores. Alguns enfatizam a dimensão sistémica. Por exemplo, a FAO (2001) considera que a exploração agrícola deve ser estudada como um sistema composto por vários elementos que interagem entre si (FAO, 2001).

Para Chombart de Lauve et al (1963) citado por Jimbira (2004): A exploração agrícola é uma unidade económica na qual o agricultor pratica um sistema de produção com vista a aumentar o seu lucro (Chombart de Lauve, Poitevin, & Tirel, 1963). Esta abordagem equipara a exploração agrícola a uma empresa e o agricultor a um empresário.

Para Laurent C. e Rémy J (2000):
"Uma exploração agrícola é uma construção social com múltiplas dimensões: espacial, agronómica, económica, estatística, institucional, simbólica...". (Para a FAO (1995), uma exploração agrícola é uma unidade económica de produção agrícola, gerida pelo chefe da exploração, incluindo os animais e a terra cultivada, independentemente do tipo de posse e da quantidade semeada (FAO, 1995).

2.1.2- Sistema de cultivo

Vários autores contribuíram para a definição do conceito de sistema de cultivo. Sebillotte (1993), citado por Malézieux & Trébuil (2000), define um sistema de cultivo como "um conjunto de métodos técnicos utilizados em parcelas de terra que são tratadas de forma idêntica" (Sebillotte, 1993). De acordo com o seu entendimento, é definido por três elementos importantes. Estes são :

➤ Tipos de culturas ;
➤ Ordem de aparecimento das culturas ;

➤ Os itinerários técnicos utilizados, incluindo a escolha das cultivares.

Para Gras (1990) citado por (Jouve, 2003). Um sistema de cultivo é qualquer parcela de terra semeada e tratada de forma homogénea, em termos de culturas, da sua ordem de sucessão e dos itinerários técnicos utilizados (Gras, 1990).

2.1.3- Itinerário técnico

Para Sebillotte (1993) citado por (François, 2008), o itinerário técnico é definido como uma sequência metódica e organizada de técnicas destinadas a semear uma área a fim de otimizar a produção (Sebillotte, 1993).

2.1.4- Cultura de produtos hortícolas

Uma exploração hortícola é qualquer exploração que tenha produzido produtos hortícolas, independentemente da superfície semeada com produtos hortícolas ou da orientação técnica das explorações (Agreste, 2013). Por outras palavras, é uma exploração que declarou cultivar produtos hortícolas frescos.

2.1.5- Produtos hortícolas

Os legumes são definidos como qualquer parte comestível de uma espécie vegetal. Os principais vegetais cultivados podem ser classificados de acordo com o órgão consumido (Yehouenou, 2011). Para Bognini (2010), as hortaliças são plantas herbáceas cujas partes comestíveis são colhidas da planta ainda em pé ou durante seu período de repouso (Bognini, 2010). Outros definem as hortaliças como as partes frescas das plantas que são consumidas isoladamente, como complemento alimentar ou como acompanhamento. Assim, os principais produtos hortícolas cultivados podem ser classificados de acordo com a sua natureza, a sua procura no mercado e o local onde são cultivados (Yehouenou, 2011). O quadro seguinte apresenta os diferentes tipos de legumes classificados de acordo com a parte consumida.

Quadro 1: Classificação dos produtos hortícolas em função do tipo de órgão consumido

Frutos e legumes	tomates, beringelas, pimentos, quiabos, melões, pepinos e outros.
Vegetais de folha	alface, amaranto, alface-de-cordeiro, aipo, couve, espinafres, funcho, azeda e outros.
Vegetais de raiz	cenoura, beterraba, nabo, rabanete e outros.
Vegetais de caule	espargos, alhos franceses, bolbos de alliaceae: alhos, chalotas, cebolas e outros.
Produtos hortícolas de floração	couve-flor, brócolos, alcaparras, alcachofras e outros.
Tubérculos	inhame, batata e outros.
Ervas	cerefólio, cebolinho, estragão, louro, salsa, tomilho e outros.

Fonte: (Jean-Denis, 2015) **citado por** (St-Pierre, 2022)

2.1.6- Rentabilidade económica

Segundo Pirou, a rentabilidade económica não é outra coisa senão a capacidade do capital colocado em qualquer instituição, ou investido, para gerar rendimentos (Pirou, 2005).

A rendibilidade económica mede a eficiência de um único processo de produção, independentemente dos elementos financeiros, de financiamento e fiscais q u e lhe são exógenos. É expressa em percentagem, e o objetivo desta abordagem é comparar a variação do seu numerador com a do seu denominador, ou seja, quando o numerador cresce mais rapidamente do que o denominador, a rendibilidade económica aumenta (Durant, 2005).

Para Lassana et al (2021), a rendibilidade continua a ser uma condição sine qua non mas não suficiente para garantir a sobrevivência de uma empresa (Lassana et al, 2021). A rendibilidade económica mede o rácio entre o rendimento gerado por uma empresa e o capital total (capital próprio + dívida financeira) libertado para o obter (Barbacar et al, 2020).

2.1.7- Receitas brutas

O Produto Bruto é tudo o que é produzido pela exploração agrícola, ou seja, todos o s valores que ela gerou no âmbito da sua atividade profissional corrente (Guen, 2016). É o valor anual da produção, quer esta produção seja vendida ou parcialmente consumida pelo agricultor e sua família. O PB depende dos rendimentos obtidos e do valor da produção (CIRAD, 2009).

2.1.8- Consumo intermédio

O consumo intermédio corresponde aos bens e serviços inteiramente consumidos durante o ano: sementes (compradas ou produzidas pelo agricultor), factores de produção diversos (adubos, pesticidas) e serviços prestados por agentes externos à exploração (El Ouaamar et al, 2019).

2.1.9- Valor acrescentado

O valor acrescentado mede a criação de riqueza intrínseca ao processo de produção (excluindo os subsídios recebidos). É igual à diferença entre o valor produzido (o produto bruto, incluindo a parte autoconsumida deste produto) e o valor dos bens e serviços consumidos no todo ou em parte durante o processo de produção (CIRAD, 2009).

2.1.10- Valorização do dia de trabalho

A valorização do dia de trabalho é uma forma de reconhecer e valorizar o tempo despendido por um trabalhador agrícola. É calculada dividindo a produção total expressa em termos monetários pelo número de dias de trabalho. Este indicador tem uma importância crucial e é útil para analisar o desempenho das diferentes culturas (CIRAD, 2009). Além disso, o valor líquido do dia de trabalho corresponde ao valor acrescentado líquido dividido pelo número de dias de trabalho.

2.1.11- Rendimento agrícola

O rendimento agrícola é definido como o rendimento gerado pelas actividades agrícolas durante um determinado período contabilístico, mesmo que as receitas correspondentes só sejam, em alguns casos, recebidas mais tarde (El Ouaamar et al, 2019).

2.1.12- Taxa de rendimento económico

A taxa de rentabilidade económica mede a relação entre o rendimento e os custos expressos em valor. Ela mede o rendimento agrícola por unidade de capital investido. Assim, a taxa de rentabilidade económica exprime o ganho total obtido pelo investimento de uma unidade monetária (Lassana et al, 2021).

2.2- Importância nutricional das culturas hortícolas

Os legumes incluem folhas, frutos, raízes e flores. O termo legume é útil em nutrição e na terminologia quotidiana. Desempenham um papel importante na alimentação. São quase todos ricos em caroteno, vitamina C e vitamina A, ricos em antioxidantes e contêm quantidades significativas de cálcio, ferro e outros minerais. O seu teor em vitaminas B é frequentemente baixo. São pobres em energia e em proteínas. Contêm uma grande proporção de substâncias que não podem ser decompostas pelas enzimas digestivas e que se juntam às fezes. No entanto, os vegetais verdes são uma boa fonte de vitamina A e C, e os vegetais de folhas tropicais são uma boa fonte de minerais (Ca, Ferro) e vitamina A (FAO, 2004).

2.3- Produção de legumes no Haiti

A produção de vegetais frescos no Haiti é estimada em 121.400 toneladas métricas (Moïse, 2017). Os dados mais recentes da FAO sobre a produção de vegetais no Haiti datam de 2020, indicando que cerca de 26.000 hectares foram dedicados ao cultivo de vegetais, com uma produção estimada de 120.748 toneladas. A produção diminuiu desde 2013, de cerca de 125 000 toneladas para cerca de 120 000 toneladas em 2020, afetando várias culturas, como couve, alface, tomate, alho-poró, malagueta, pimentão, espinafre, batata, cenoura e outras espécies (FAOSTAT, 2022).

2.4- Zona de produção de legumes no Haiti

Os produtos hortícolas são cultivados em quase todas as zonas de altitude e em algumas zonas de baixa altitude do Haiti. Os tipos de culturas diferem de uma região para outra, em função das condições edafoclimáticas específicas de cada zona e da procura de produtos hortícolas. O quadro seguinte apresenta as diferentes culturas praticadas nas várias regiões do país.

Quadro 2: Principais zonas de produção hortícola no Haiti e culturas cultivadas

Departamento	Zona	Cultura
Oeste	Planície de l'Arcahaie, Planalto dos palmeiras, planalto de Cornillon	Beringela, couve, alho francês, beterraba tomate e outros.
Oeste-Sul-Leste	Kenscoff-Seguin e Forêt des Pinheiros	Alho francês, cebola, couve, cenoura, batata da terra, alface e outros.
Sudeste	Plateau La Vallée de Jacmel	Couve, mirliton, cebolinho, tomilho, pimenta e outros.
Artibonite	Plateau de Goyavier, Plaine des Gonaïves, vale de Artibonite	Tomate, cebola, lalo, quiabo, beringela, couve e outros.
Mamilos	Planalto de Salagnac	Cenoura, couve, alho francês local, salsa, mirliton e outros.
Norte	Saint-Raphaël	Cebolascenouras amaranto beterrabas, alho-porro e outros
Nordeste	Plateau Carice-Mont Organisé Planície de Maribaroux	Couve, tomate, pimento e outros.
Sul	Planície de Cayes-Cavaillon	Tomate, amaranto, alho francês
Centro	Planalto inferior, Planalto de Baptiste	Tomate, couve, malagueta e outros
Noroeste	La Croix St-joseph	Couve e cenoura

Fonte: Bellande citado por (St-Pierre, 2022)

2.5- Apresentação das culturas objeto do estudo

Neste estudo, foram selecionadas três culturas hortícolas: alho francês, cenoura e beterraba. De facto, cada cultura tem as suas próprias exigências pedoclimáticas para exprimir o seu potencial. Os parágrafos seguintes apresentam as exigências edafoclimáticas das culturas objeto do estudo.

2.5.1- Cultura da cenoura

A cenoura, membro da família Apiaceae com o nome científico Daucus carrota, tem muitas variedades que se distinguem pela forma da sua raiz e pelo seu período de produção. Existem variedades longas, semi-longas e semi-curtas.

2.5.1.1-Temperatura

As cenouras desenvolvem-se bem em climas frios. A temperatura óptima para a germinação das sementes é de 18°C, com um mínimo de 7°C. Para o crescimento, uma temperatura entre 20 e 27°C é ideal, enquanto que a melhor cor das raízes é obtida quando a temperatura está entre 16 e 21°C. Este intervalo de temperatura deve ser mantido durante cerca de três semanas antes da colheita (Adamou, 2020).

2.5.1. 2-Requisitos do solo

A cultura da cenoura não exige um solo de qualidade, mas é preferível evitar os solos pedregosos para garantir raízes direitas. O solo ideal é o franco-arenoso. As cenouras não toleram solos salgados ou ácidos, nem a água de rega. O pH ótimo do solo situa-se entre 6,5 e 7 (Adamou, 2020).

2.5.1. 3-Requisitos em matéria de água

Um abastecimento regular e ininterrupto de água é essencial para as cenouras, especialmente durante o período de crescimento, para evitar fissuras e deformações das raízes. Em média, as cenouras necessitam de cerca de 350 mm de água (Adamou, 2020).

2.5.2- Cultura do alho francês

Os alhos franceses, que pertencem à família das Liliáceas e têm o nome científico de Allium porum, distinguem-se pela sua grande resistência às pragas e doenças. Existem inúmeras variedades, cada uma com as suas próprias caraterísticas e vantagens.

2.5.2.1-Temperatura

O alho-porro desenvolve-se bem num clima ameno e húmido, mas algumas variedades são muito resistentes ao frio. Cresce melhor entre 15 e 25°C, com uma fase vegetativa até 2°C (ITCMI, 2022).

2.5.2. 2-Requisitos do solo

O alho francês prefere os solos profundos, bem arejados e ricos em matéria orgânica, com um pH entre 6,5 e 7. Não gosta de solos demasiado calcários (pH>8) (ITCMI, 2022).

2.5.2.3-Requisitos em matéria de água

As necessidades hídricas das culturas de alho francês são consideráveis e variam em função do grau de cobertura do solo. Em média, estas necessidades são estimadas entre 300 e 400 m^3 / ha (ITCMI, 2022).

2.5.3- Cultura da beterraba

A beterraba, membro da família Chenopodiaceae, de nome científico Beta vulgaris, é cultivada em todo o mundo em diferentes variedades, caracterizadas pela sua forma e tamanho.

2.5.3.1-Temperatura

A beterraba é sensível às geadas, com temperaturas entre -3 e -7 °C, consoante a duração e a fase de crescimento. A temperatura óptima do solo para a sementeira situa-se entre 5 e 8 °C, e a temperatura óptima de crescimento entre 18 e 25 °C, mas os períodos de frio (<5 °C) durante duas a três semanas após a sementeira podem entravar o seu crescimento (Agridea, 2017).

2.5.3.2-Requisitos em matéria de água

A beterraba prefere chuvas moderadas e tolera bem a seca em solos profundos e bem estruturados. A sua necessidade média de água situa-se entre 600 e 700 mm (Agridea, 2017).

2.5.3. 3-Requisitos do solo

Um fornecimento adequado de cálcio favorece a estabilidade do solo e reduz o risco de doenças como o pé negro. A beterraba desenvolve-se bem em solos arenosos, ricos em matéria orgânica mas pobres em húmus, com um pH de cerca de 6,5 (Agridea, 2017).

2.6- Dados empíricos sobre os determinantes da rendibilidade económica

Os primeiros trabalhos sobre as fontes de rentabilidade no sector agrícola centraram-se na formação dos agricultores. Segundo Stefanou e Swati (1988), vários tipos de formação podem ajudar os produtores agrícolas a aumentar a sua rendibilidade. Ao nível das explorações individuais, os factores determinantes da rentabilidade podem ser: o sexo, a dimensão, o contacto com a extensão agrícola, a capacidade de gestão e o acesso ao crédito (Malla & Yabi, 2023). Rodgers (1994), por outro lado, insiste no saber-fazer; para ele, o mercado ou a inovação tecnológica não são a principal causa da baixa rendibilidade das explorações agrícolas, mas sim a necessidade de melhorar o capital humano. Rajendran et al (2015), medindo o desempenho técnico das famílias de agricultores que produzem legumes tradicionais, concluem que o reforço das associações de agricultores para incentivar a partilha de conhecimentos e o reforço das relações entre os agricultores pode ajudar a melhorar o desempenho técnico (rendimento). Singbo et al (2014), que estimaram a função de produção e venda dos produtores de legumes no Benim, concluíram que o desempenho técnico é influenciado pelo ambiente de produção e pelos serviços de extensão. É de notar que o crédito pode ter uma influência positiva no desempenho das explorações agrícolas se os fundos obtidos pelos agricultores forem utilizados para comprar factores de produção. Richter et al (1994) afirmam que a falta de dinheiro e de crédito limita os recursos dos agricultores (Albouchi & Bachta, 2007). De acordo com Afful (1987), o aumento da produtividade agrícola requer investimentos na própria terra.

III-QUADRO METODOLÓGICO

Este capítulo começa com uma apresentação pormenorizada do município de Saint-Raphaël. Em seguida, são apresentadas as diferentes fases metodológicas e os procedimentos de cálculo dos indicadores económicos e financeiros.

3.1- Enquadramento físico da zona de estudo

O município de Saint-Raphaël cobre uma superfície total de 183,8 km^2 e faz parte do arrondissement do mesmo nome no departamento de Nord. Compreende cerca de treze (13) localidades e cinquenta e quatro (54) habitações. Situa-se a 48 quilómetros de Cap-Haïtien e a uma altitude de 366 m (François, 2017). Faz fronteira com :

➤ No Norte, através da Grande Rivière du Nord e do DonDon;

➤ A sul, Maïssade ;

➤ Para leste, via Saint-Michel de l'Attalaye ;

➤ A oeste, por Bahon e de Pignon, respetivamente.

3.1.1- Subdivisão administrativa da comuna de Saint-Raphaël

Está subdividido em quatro secções comunais:

➤ 1ère section communale : Bois Neuf ;

➤ 2ème section communale : Mathurin ;

➤ 3ème section communale : Bouyara ;

➤ 4ème secção comunal: San-Yago.

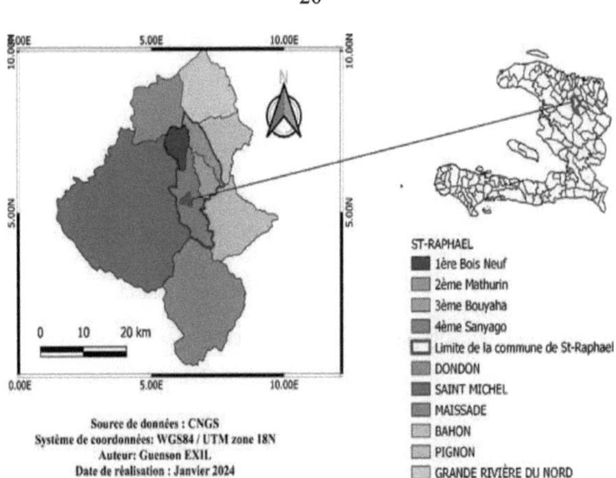

Figura 1: Divisão administrativa e subdivisão administrativa do município em estudo

3.1.2- Dados demográficos

A população total de Saint Raphaël é estimada em cerca de 53.755 habitantes, dos quais 26.608 mulheres e 27.147 homens. 32,6% da população da comuna vive em meio urbano (4e secção San-Yago), com uma densidade populacional de 292 habitantes/km^2 . A secção comunal de San-Yago cobre uma superfície de 98,3 km^2 e tem uma população total estimada em 37.515 habitantes, dos quais 19.965 vivem em meio rural (10.069 homens contra 9.896 mulheres) e 17.550 vivem em meio urbano (8.723 homens contra 8.827 mulheres). Note-se que a zona rural tem 4205 agregados familiares contra 3930 na zona urbana (IHSI, 2015).

3.1.3- Educação

Segundo o MENFP (2011), a comuna de Saint-Raphaël conta com setenta e cinco (75) estabelecimentos de ensino. Destes, vinte (20) são pré-escolas, cinquenta (50) são escolas primárias e cinco (5) são escolas secundárias (MEF, 2021).

3.1.4- Apresentação das actividades económicas do município

Esta secção apresenta as diferentes actividades de Saint-Raphaël por sector.

3.1.4.1- Setor primário

Em Saint-Raphaël, a agricultura é a principal atividade económica dos habitantes da secção. A agricultura é praticada de forma intensiva devido à disponibilidade de água de rega na maior parte do território. No entanto, existem dois perímetros de irrigação na secção, o perímetro Merlaine conhecido como o pequeno perímetro com cerca de 400 agricultores e um grande perímetro com 6.000 agricultores para uma área semeada de 1.000 ha (MARNDR, 2015).

3.1.4.1.1- Sistema de horticultura comercial na comuna

Em rotação com o arroz, os legumes são cultivados nos solos mais leves e com boa drenagem (MARNDR, 2015). As principais espécies hortícolas presentes na comuna de Saint-Raphaël são: alho francês, cebola, malagueta, beterraba, cenoura, tomate e couve. O quadro seguinte mostra a distribuição das culturas hortícolas nas zonas de regadio. Por outro lado, as associações de culturas hortícolas mais comuns encontradas nos perímetros são :

➢ Pimento, cebola, beterraba, calalou ;

➢ Tomate - cenoura - couve ;

➢ Beterraba, alho francês, malagueta e lima.

Quadro 3: Calendário de culturas para a produção de produtos hortícolas na zona de estudo

Espécies	Jan.	Fev.	março	abril	maio	junho	julho	agosto	Sete.	Out.	Nov.	Dez.
Cenoura									Visitar	Visitar	Visitar	Re
Couve									Pe	Visitar	Visitar	Re
Alho-porro	Visitar	Re	Re							Pe	Pe	Visitar
Cebola	Visitar	Visitar	Visitar	Re	Re					Pe	Pe	Visitar
Beterraba	Visitar	Re									Pe	Visitar
Malagueta	Visitar	Visitar	Visitar	Re	Re	Re					Pe	Visitar
Tomate	Visitar	Re	Re	Re							Pe	Visitar

Fonte: (MARNDR, 2015)

Legenda: Pe= Viveiro **Se=** Sementeira/transplantação

En=ManutençãoRe=Colheita

3.1.4.2- Setor secundário

Cerca de 92% das explorações agrícolas estão envolvidas em actividades não agrícolas em Saint-Raphaël. O sector secundário não está bem representado na secção comunal de San-Yago, existe um grémio que transforma a cana-de-açúcar em xarope e clairin, padarias que transformam a farinha de trigo em pão e outros (MARNDR, 2015).

3.1.4.3- Setor terciário

O sector terciário é representado pela comercialização de produtos agrícolas, tais como legumes, milho e feijão, e insumos agrícolas. Também se vende carvão vegetal. Em termos de comunicações, a Digicel e a Natcom operam na Secção. O mercado urbano funciona todos os dias e o mercado regional às quintas-feiras. Existe um mercado em todas as secções comunais, incluindo San Yago, que funciona todas as quintas-feiras e está situado na estrada que conduz a Saint Michel de l'Attalaye (MEF, 2015).

3.1.5- Aspectos biofísicos da comuna de Saint-Raphaël

Esta secção descreve o solo e o clima locais, incluindo o relevo, o tipo de solo, a temperatura e outros factores.

3.1.5.1- Alívio

A comuna de Saint Raphaël é constituída por planícies e montanhas. Os troços Bois neuf e Mathurin são muito acidentados, com uma inclinação média de 90%. As secções de Bouyaha e de San-Yago, pelo contrário, são menos acidentadas (François, 2017).

3.1.5.2- Tipo de solo

A zona irrigada de Saint-Raphaël é caracterizada por solos calcários castanhos e vertisols, estes últimos com um elevado teor de argila expansiva que favorece a adaptação da cultura do arroz. No entanto, ao longo do rio e do perímetro, os solos são muito profundos, com uma textura silto-arenosa e um bom teor de matéria orgânica (MARNDR, 2015).

3.1.5.3- Temperatura

A temperatura média máxima mensal no município é de 30^0 C, sendo que os meses mais quentes do ano são julho e agosto, com uma temperatura média de 32^0 C. Por outro lado, a temperatura média mínima mensal é de 20.2^0 C (ver figura abaixo). A temperatura média anual na área é de $24,16^0$ C (NAZA, 2016).

Figura 2: Distribuição mensal das temperaturas no município de Saint-Raphaël

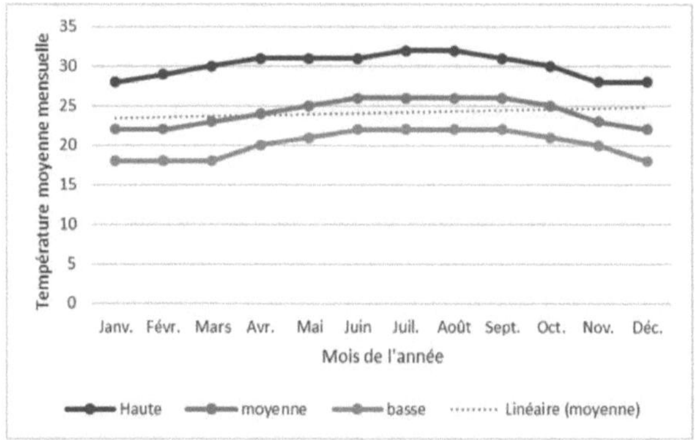

Fonte: construção do autor com base nos dados do satélite MERRA-2

3.1.5.4- Precipitação

Em Saint-Raphaël, a precipitação média mensal é de 65,49 mm, sendo fevereiro considerado o mês mais seco. Em contrapartida, o mês de setembro regista a maior precipitação do ano, com uma média de 120,2 mm. No total, o município recebe 785,9 mm de chuva, sendo que a chuva que efetivamente contribui para alimentar os ambientes aquáticos e recarregar os lençóis freáticos é de 687,9 mm (NAZA, 2016). A figura seguinte mostra a distribuição da precipitação e da precipitação efectiva na área de estudo.

Figura 3: Distribuição da precipitação média mensal na área de estudo

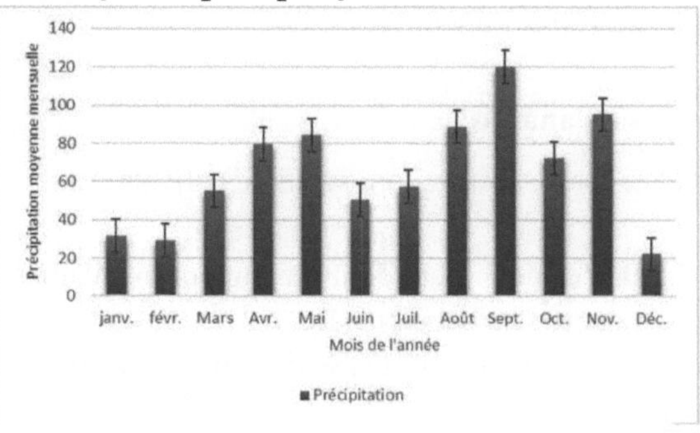

Fonte: construção do autor com base nos dados do satélite MERRA-2

3.1.5.5- Recursos hídricos

A zona de Saint-Raphaël possui uma rede hidrográfica relativamente densa. Esta rede é dominada pelo rio Bouyaha, que nasce em Marmelade, atravessa depois a comuna de Dondon e chega a Saint-Raphaël. Existem duas zonas irrigadas na secção de San-Yago. São elas: a grande zona a partir da barragem do rio Bouyaha e a pequena zona de Merlaine ou sistema Merlaine (François, 2017).

3.2- Equipamentos e instrumentos de recolha de dados

Para a realização deste trabalho, foram utilizados diversos materiais. Estes incluem

3.2.1- Material didático

➢ Livros e documentos do curso ;
➢ Documentos electrónicos ;

➢ Artigos de periódicos ;

➢ Telefone e computadores.

3.2.2- Materiais de recolha e de escrita

Foram utilizados vários tipos de equipamento para recolher e digitar os dados no terreno:

➢ Caneta, lápis, caderno e papel: para a recolha de dados ;

➢ Computador: para a investigação e redação da dissertação;

➢ Formulário de inquérito: para recolha de dados ;

➢ Câmara digital: para tirar fotografias.

3.2.3- Ferramentas de análise

Para a análise dos dados, foi utilizado o seguinte software:

➢ OpenEPI e Statrek Versão 3: Para definir a dimensão da amostra e selecionar indivíduos aleatoriamente sem substituição;
➢ Excel versão 2019: para construir a base de dados, criar figuras e alguns quadros;
➢ QGIS versão 3.34: para a elaboração do mapa e a definição dos limites da zona de estudo;
➢ SPSS 17.0.0: para análises monovariadas ;

> InfoStat versão 2018: para a análise dos indicadores de rentabilidade económica das culturas hortícolas.

3.3- MÉTODO

A metodologia de investigação refere-se aos procedimentos ou técnicas utilizados pelo investigador para realizar o estudo. Para o efeito, este trabalho foi realizado de acordo com métodos bem definidos, compreendendo as seguintes fases principais:

> Fase I: Estudo documental ;

> Fase II: Inquérito exploratório ;

> Fase III: amostragem ;

> Fase IV: Conceção do questionário ;

> Fase V: Recolha de dados ;

> Fase VI: tratamento e análise dos dados e redação do relatório.

3.3.1- Estudo documental

Nesta fase, foram consultadas revistas científicas, dissertações, livros, relatórios, notas de curso e outros documentos relevantes sobre o tema de investigação e a área de estudo. Estes documentos foram utilizados para desenvolver o enquadramento teórico e concetual (revisão da literatura) e para apresentar a área de estudo e discutir os resultados obtidos.

3.3.2- Inquérito exploratório

Esta fase permitiu completar a informação secundária recolhida e facilitou o desenvolvimento do plano de amostragem para a recolha de dados no terreno. Também proporcionou uma oportunidade para observar as condições económicas, socioculturais e agronómicas na área e para falar com os agricultores locais para identificar os vários problemas encontrados na produção de vegetais.

3.3.3- Amostragem

Neste estudo, foi utilizado um método de amostragem probabilístico aleatório simples. A base de amostragem era constituída principalmente por explorações de hortas na secção comunal. A dimensão da amostra foi calculada utilizando o software Open Epi versão 3, com base nos registos obtidos junto do Bureau Agricole Communal (BAC). Além disso, a população-alvo é estimada em 1 400 horticultores e o inquérito é realizado junto de uma amostra de 113 agricultores da secção comunal de San-Yago (Figura 15).

3.3.4- Questionário

Foi elaborado um formulário de inquérito para facilitar a recolha de dados, a fim de obter informações sobre os meios de produção dos agricultores, as técnicas que utilizam nas suas actividades e a avaliação dos indicadores técnicos e económicos de rentabilidade das culturas (Anexo 1).

3.3.5- Recolha de dados

Os dados são recolhidos no terreno, fazendo perguntas aos horticultores selecionados aleatoriamente. Uma vez localizados estes horticultores, com a ajuda dos gestores do BAC e do perímetro, as perguntas incidiram sobre os seus meios de produção, factores de produção, itinerários técnicos, indicadores de produção e de rentabilidade económica. As perguntas incidiam sobre os seus meios de produção, factores de produção, itinerários técnicos, indicadores de produção e de rentabilidade económica.

3.3.6- Tratamento e análise dos dados

Uma vez recolhidos os dados no terreno, estes são limpos, processados e analisados. Para o efeito, foram seguidos os seguintes passos:

➢ Análise dos formulários de inquérito para identificar eventuais erros ou dados em falta;

➢ Os formulários de perguntas são codificados para facilitar a introdução de dados e o controlo subsequente, atribuindo um número de código a cada formulário preenchido.

A base de dados é criada no Excel versão 2019 e depois exportada para o SPSS versão

17.0.0. Em seguida, exportámos os dados relativos aos meios de produção e aos indicadores de rentabilidade económica para o InfoStat versão 2018. Foram realizadas análises monovariadas e testes estatísticos.

3.3.7- Método de cálculo

Foram utilizados vários métodos para estimar a produção das culturas hortícolas e os indicadores de rentabilidade económica.

3.3.7.1- Produção de produtos hortícolas

Para estimar a produção destas culturas, foram recolhidos dados sobre os índices de produção. O produto do número de sacos colhidos pelo peso de um saco. Note-se que um saco de manjerico cheio de alho francês pesa 145 kg e que, para a comercialização de cenouras e beterrabas, os grandes lotes pesam 50 kg cada um para estas duas culturas, de acordo com os dados do BAC. Produção (kg) = Número de sacos colhidos × peso de um saco

3.3.7.2- Estimativa dos cálculos económicos

➤ **PB** $=\sum_i^n Q_i P_i$

➤ VAL =PB-CI-Amortização

➤ **Depreciação**= (n*p)/ D: n: número de unidades, p: preço unitário, D: vida útil

➤ **VJT**$=\dfrac{VAN}{Temps\ de\ travail}$

➤ RA=VAN-MOF-Capital (custo de utilização ou valor locativo + montante dos juros)

➤ **Re=RA/CT*100.** Re: rentabilidade económica.

3.3.7.3- Estimativa da mão de obra assalariada

A estimativa do trabalho assalariado é, portanto, calculada segundo o método proposto por Aïhounton et al, (2016), o Número Total (NT) de trabalhadores em Unidades de Trabalho Humano (UTH) é dado pela seguinte fórmula

ET = (número de homens) + 0,75 * (número de mulheres) + 0,50 * (número de crianças dos 6 aos 14 anos). Para converter em homens-dias (hd), a ET foi multiplicada pela duração total (Td) da operação (em horas) dividida por 5.

3.3.7.4-Categorização das explorações hortícolas do município de Saint Raphaël
Os principais critérios de classificação das explorações hortícolas do município de Saint Raphaël são os seguintes

➤ A superfície total cultivada em hectares, um critério introduzido pela MARNDR em 2015 ;
➤ O valor monetário do produto bruto em HTG, um critério proposto pelo INSEE em 2017.
Estes dois critérios foram combinados para o estudo, que incide sobre a rentabilidade económica das explorações hortícolas. Foram definidas quatro

categorias de explorações hortícolas: pobres, medíocres e abastadas.

3.3.7.5- Testes estatísticos

São utilizados dois testes estatísticos para analisar os indicadores de rendibilidade económica. Estes testes são descritos de seguida:

Teste de normalidade (Shapiro-wilk)

➢ H0: As variáveis (idade, experiência, dimensão do agregado familiar, taxa de rendimento económico, mão de obra disponível, área) seguem uma distribuição normal.

➢ H1: As variáveis (idade, experiência, dimensão do agregado familiar, taxa de rendimento económico, mão de obra disponível, área) não seguem uma distribuição normal.

Teste ANOVA

➢ H0: As variáveis socioeconómicas não têm influência na rentabilidade económica das explorações hortícolas do município de Saint-Raphaël.

➢ H1: As variáveis socioeconómicas influenciam a rentabilidade económica das explorações hortícolas do município de Saint-Raphaël.

Teste de correlação de Pearson

➢ H0: Não existe correlação entre as variáveis (idade, número de anos de experiência, superfície, dimensão do agregado familiar) e a taxa de rentabilidade económica das explorações hortícolas da comuna de Saint-Raphaël.

➢ H1: Existe uma correlação entre as variáveis (idade, número de anos de experiência, superfície, dimensão do agregado familiar) e a taxa de rentabilidade económica das explorações hortícolas da comuna de Saint-Raphaël.

Condição de rejeição H_0 $P_{value} \leq 0{,}05$

IV- RESULTADOS

Este capítulo apresenta os resultados do estudo em pormenor. Em primeiro lugar, descreve as caraterísticas dos agricultores e das explorações. Em seguida, classifica as explorações hortícolas da zona em diferentes categorias, como pobres, médias e abastadas. Em seguida, examina os factores de produção e os indicadores de rentabilidade.

4.1- Caraterísticas dos agricultores e das explorações

Esta secção apresenta as caraterísticas socioeconómicas dos agricultores, bem como as caraterísticas das explorações.

4.1.1- Educação

De acordo com as caraterísticas dos agricultores, a maioria deles (79%) frequentou a escola, contra 21% que nunca frequentaram a escola e são, portanto, analfabetos na sua língua materna (Figura 6).

4.1.2- Sexo dos inquiridos

A horticultura comercial é praticada principalmente por homens, que representam 80% dos agricultores inquiridos, enquanto apenas 20% são mulheres. Isto explica o facto de as mulheres estarem mais envolvidas no comércio (Figura 4).

4.1.3- Principal atividade dos horticultores

A agricultura é a principal atividade económica para 55% dos agricultores da amostra, enquanto as actividades secundárias representam 45% da amostra (Figura 5). O comércio é a segunda atividade principal para os agricultores da zona, representando 19% da amostra.

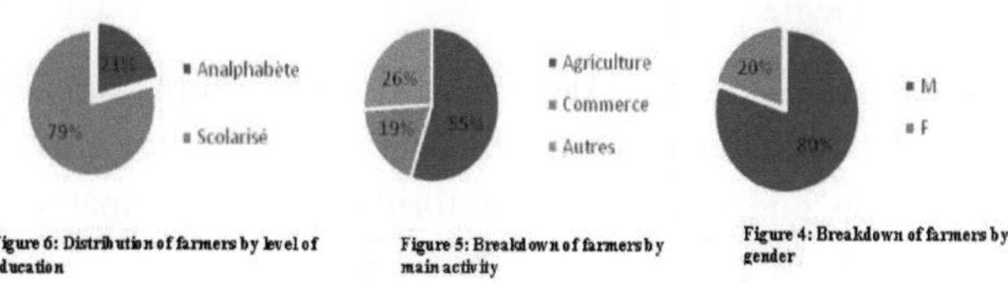

Figure 6: Distribution of farmers by level of education

Figure 5: Breakdown of farmers by main activity

Figure 4: Breakdown of farmers by gender

4.1.4- Estado civil dos inquiridos

Na comuna de Saint-Raphaël, a maioria dos agricultores são homens e mulheres casados, representando 50% da nossa amostra, contra 35% em união de facto (gráfico 1).

4.1.5- Destino dos produtos hortícolas

Mais de 71% dos agricultores da amostra consideram a atividade agrícola na zona como uma fonte de rendimento. No entanto, para menos de 27% dos agricultores, é simultaneamente a sua principal fonte de rendimento e a sua principal fonte de consumo (Figura 7).

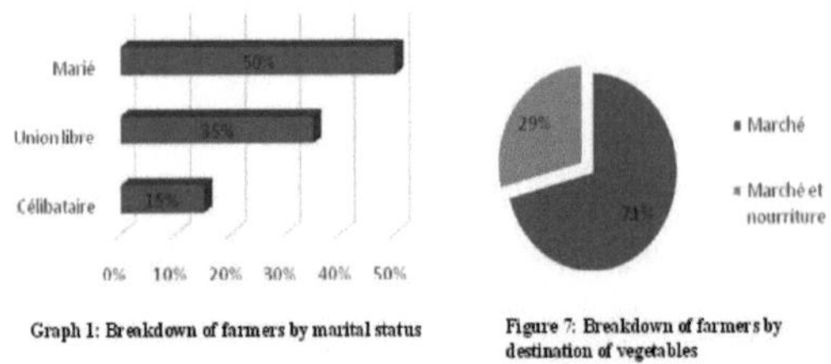

Graph 1: Breakdown of farmers by marital status

Figure 7: Breakdown of farmers by destination of vegetables

4.1.6- Idade e experiência dos inquiridos

A idade média dos horticultores é de cerca de 45 ± 10 anos, com uma experiência média estimada de 21 ± 9 anos. Os horticultores mais experientes da zona têm até 70 anos de experiência (quadro 11).

4.1.7- Fonte de abastecimento de sementes

A análise dos resultados mostra que 71% dos agricultores da amostra compram as suas sementes numa loja de insumos, enquanto 29% compram-nas no mercado (quadro 11).

4.1.8- Formação agrícola

De acordo com os resultados, 38% dos inquiridos tinham participado em acções de formação agrícola pelo menos uma vez, enquanto mais de metade da amostra (62%) não tinha sido convidada pelas autoridades a participar em acções de formação agrícola (quadro 11).

4.1.9- Acesso ao crédito

Apenas 20% dos agricultores inquiridos têm acesso ao crédito agrícola, enquanto 80% não têm. Esta baixa percentagem de acesso ao crédito pode ser explicada pela falta de crédito no BNDA e pelo facto de a maioria dos agricultores não ter cumprido as condições exigidas para obter crédito do BNDA. Por outro lado, uma instituição privada da zona concede crédito agrícola a taxas usurárias e sem período de carência, o que desencoraja os horticultores de o solicitarem (quadro 11).

4.1.10- Assistência

As análises estatísticas deste estudo mostram que 40% dos agricultores da amostra receberam assistência técnica, enquanto 20% receberam assistência financeira e apenas 2% da amostra receberam assistência material diretamente do BAC (quadro 11).

4.1.11- Pertença a uma organização de agricultores

De acordo com os resultados da análise estatística, 40% dos horticultores pertencem a uma organização de agricultores, enquanto 60% não se agruparam ou não se familiarizaram com a partilha das suas experiências (quadro 11).

4.1.12- Método de venda

Os agricultores da comuna de Saint-Raphaël dispõem de vários meios de acesso à terra para a horticultura comercial, nomeadamente por herança, compra ou arrendamento. Existem três tipos de posse da terra: a posse direta, em que 61% das terras das explorações da amostra são cultivadas diretamente, contra 26% indiretamente. Por outro lado, no modo misto, 13% das terras das explorações da amostra são cultivadas tanto direta como indiretamente (gráfico 2).

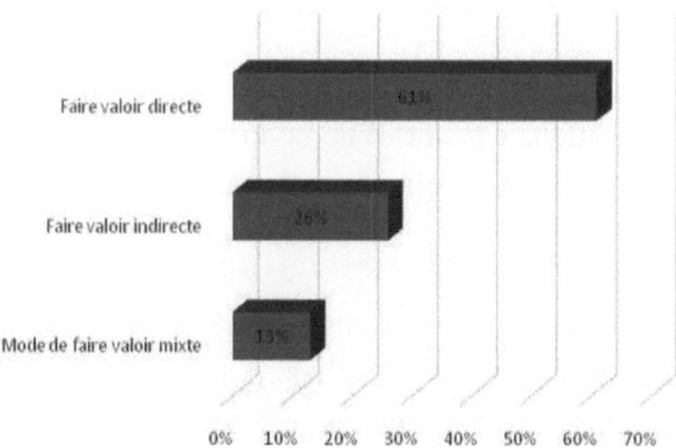

Figura 2: Distribuição dos agricultores por método de aquisição de terras

4.2- Itinerários técnicos aplicados à produção das culturas em causa

Na comuna de Saint-Raphaël, a produção hortícola é a segunda principal utilização dos perímetros irrigados da secção comunal de San-Yago. As diferentes etapas da produção hortícola são resumidas a seguir.

4.2.1- Viveiro

As parcelas de legumes começam com a preparação das plântulas no viveiro, com exceção das cenouras, que são semeadas diretamente em canteiros ou em planos. Para o alho francês e a beterraba, as plântulas permanecem no viveiro durante um mês antes de serem transplantadas. A preparação do solo no viveiro requer uma atenção meticulosa e muita mão de obra para a monda, a pulverização e a rega. Em função da densidade do povoamento, são aplicados às plântulas um ou dois tratamentos fitossanitários.

4.2.2- Preparação do solo

Na comuna de Saint-Raphaël, a preparação do solo para a plantação de legumes é efectuada com grande precisão. Começa-se por uma ou duas lavouras, com um arado ou com tração animal. Em seguida, os horticultores utilizam a tração animal para criar os canteiros, processo indispensável para evitar qualquer excesso de água que possa comprometer o desenvolvimento ótimo das plantas. É de salientar que esta prática varia consoante o agricultor.

4.2.3- Transplantação

A transplantação dos alhos franceses (Allium porum) e das beterrabas é efectuada 30 a 45 dias após a instalação do viveiro. São plantados em ambos os lados de canteiros previamente estabelecidos.

4.2.4- Semeadura

Depois de o solo estar preparado e bem arado, os agricultores semeiam as sementes de cenoura (Daucus carotta) e de beterraba (Bêta vulgaris). As sementes são espalhadas e a distância entre elas não é uniforme.

4.2.5- Manutenção

As parcelas de legumes são geralmente mondadas duas vezes, dependendo do nível de desenvolvimento das ervas daninhas. A primeira monda é efectuada cerca de três semanas após a transplantação e a sementeira. Uma segunda monda é efectuada cerca de 22 dias após a primeira.

4.2.6- Medidas fitossanitárias

Os agricultores utilizam produtos disponíveis localmente para combater os insectos e as doenças que atacam as suas culturas. A escolha dos produtos sanitários varia consoante o tipo de cultura e o tipo de praga. Por exemplo, para o alho francês, utilizam mancozebe, carbaril e malatião, enquanto que para a cenoura e a beterraba, optam por malatião, mancozebe, tiofanato-metilo, celcron, ridomil, tricel e outros. O número de aplicações varia em função do nível de infestação das culturas. No entanto, alguns agricultores têm dificuldade em adquirir as quantidades necessárias de produtos devido a restrições financeiras, o que resultaria em perdas de rendimento consideráveis.

4.2.7- Irrigação

As culturas hortícolas são frequentemente sensíveis ao excesso de água. A frequência da rega é determinada pela capacidade do solo para reter água. Os agricultores utilizam a irrigação suplementar nos campos para favorecer o desenvolvimento das plantas. A frequência da rega varia em função do estado de desenvolvimento das culturas; em média, é efectuada duas vezes por semana.

4.2.8- Colheita

A colheita dos legumes é efectuada entre 75 e 90 dias após a transplantação, consoante a espécie cultivada. O alho francês é colhido entre 75 e 90 dias após a transplantação, enquanto a cenoura (Daucus carotta) e a beterraba (Bêta vulgaris) são colhidas 100-120 dias após a sementeira.

4.2.9- Equipamentos e materiais agrícolas utilizados nas explorações inquiridas

Nas explorações hortícolas é utilizado um vasto leque de equipamentos, principalmente instrumentos tradicionais. Estes incluem regadores, enxadas, catanas e ancinhos, bem como gado de tração e, por vezes, tractores. No entanto, existe uma escassez de equipamento moderno na área de estudo. Apenas 20% dos agricultores da amostra utilizam tractores como meio moderno de arar e gradar as suas parcelas, enquanto 70% utilizam tração animal, em comparação com 10% que utilizam ferramentas tradicionais como enxadas e picaretas (gráfico 3).

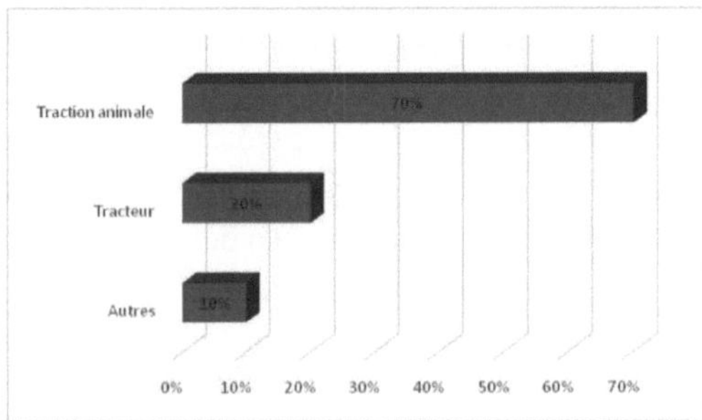

Figura 3: Repartição do equipamento agrícola utilizado pelo agricultor

4.3- Análise dos factores de produção das culturas hortícolas

Esta secção examina os factores de produção utilizados para o cultivo das culturas abrangidas pelo estudo. As análises estatísticas são apresentadas no quadro seguinte.

4.3.1- Sementes

Na comuna de Saint-Raphaël, os resultados do presente estudo mostram que os agricultores utilizam, em média, 9,83 ± 1,84 kg/ha, 6,74 ± 9,69 kg/ha e 5,47 ± 8,62 kg/ha, respetivamente, para o cultivo de alho francês, cenoura e beterraba (quadro 4).

4.3.2- Fertilizantes

A gestão dos fertilizantes continua a ser uma das operações agrícolas mais difíceis de dominar. Na zona estudada, os fertilizantes minerais utilizados são uma combinação de dois tipos de formulação: ureia (46-0-0) e completa (12-12-20). A quantidade de fertilizante utilizada para a mesma superfície cultivada varia consideravelmente de uma exploração para outra. Os resultados mostram que, em média, os horticultores aplicaram 418 ± 216, 235 ± 146 e 237 ± 177 kg/ha, respetivamente.
fertilizante (quadro 4).

4.3.3- Consumo intermédio

O custo do consumo intermédio varia consideravelmente de uma exploração para outra, para a mesma superfície cultivada. Em média, os horticultores investem 72982
± 38,636, 49,480 ± 29,734 e 29,112 ± 18,850 gourdes por hectare.

4.3.4- Organização do trabalho agrícola no município de Saint-Raphaël

Para a realização das actividades agrícolas, como a criação de canteiros, a plantação, a sementeira, a transplantação, a monda e outras tarefas semelhantes, são mobilizados dois tipos de mão de obra: a mão de obra familiar e a mão de obra assalariada, muitas vezes organizada em grupos de trabalho. As formas tradicionais de organização, como a entreajuda e a cumplicidade, já não são comuns na região. Os dois tipos de trabalho utilizados na zona são descritos em seguida.

4.3.4.1- Mão de obra familiar

Em termos de mão de obra familiar, cada exploração agrícola tem uma média de 5 unidades de trabalho humano (UTH). É, portanto, evidente que a mão de obra familiar contribui para a redução dos custos de produção de hortaliças na região.

4.3.4.2- Esquadra

Na comuna de Saint-Raphaël, nomeadamente na secção comunal de San-Yago, as actividades agrícolas são exercidas sob a forma de esquadrões, geralmente constituídos por grupos de homens que trabalham nas explorações agrícolas em regime de prestação de serviços, de acordo com as necessidades do agricultor. Neste tipo de agricultura, o chefe de equipa mobiliza o seu grupo para realizar as tarefas agrícolas, com uma média de 19 dias-homem por hectare utilizados para cada atividade agrícola.

4.3.5- Superfície semeada com culturas hortícolas na área de estudo

No que se refere ao fator terra, a área semeada é em média de 0,61±0,261 ha, e a área máxima não ultrapassa os 2,58 ha (Quadro 4).

4.3.6- Montante do crédito atribuído aos horticultores da zona de estudo

O montante médio do crédito concedido na zona é de 93 214 ± 73 306 gourdes e o montante mínimo recebido é de 15 000 gourdes, contra um máximo de 500 000 gourdes.

4.3.7- Custo total das culturas hortícolas

Em termos de custo total da produção hortícola, os horticultores investem, em média, 208 009±116 265, 134 738±79 950 e 100 670±61 264gourdes por hectare, respetivamente (quadro 4).

Quadro 4: Apresentação dos factores de produção para as culturas abrangidas pelo estudo

Fator de produção	Obs.	Média	Desvio padrão	Desvio
Sementes de alho francês (kg/ha)	113	9,83E+00	1,84E+01	336,985
Sementes de cenoura (kg/ha)	113	6,75E+00	9,69E+00	93,923
Sementes de beterraba (kg/ha)	113	5,47E+00	8,62E+00	74,349
CI Alho francês (gourdes/ha)	113	72982	38 633	9,45E+09
Cenoura CI (gourdes/ha)	113	49 480	29 734	6,47E+09
Beterraba CI (gourdes/ha)	113	29 112	18 850	2,03E+09
Fertilizante de alho francês (kg/ha)	113	418,21	516,74	106,81
Adubo para cenouras (kg/ha)	113	235,7168	412,86	68,179
Fertilizante de beterraba (kg/ha)	113	237,7418	523,82	109,756
Custo da mão de obra C. alho-porro (gourdes/ha)	113	105675	246858	6,09E+10
Custo da mão de obra para as cenouras (gourdes/ha)	113	61045,30	118460,46	1,40E+10
Custo da mão de obra da beterraba sacarina (gourdes/ha)	113	41910,93	88643,34	7,86E+09
Custo total C. alho francês (gourdes/ha)	113	208 009	116 265	1,28E+11
Custo total C. cenoura (gourdes/ha)	113	134 738	79 950	4,94E+10
Custo total da beterraba (gourdes/ha)	113	100 670	61 264	3,05E+10
Área agrícola	113	0.617	0,261	2

4.4- Produção de culturas hortícolas

Para os três tipos de legumes, a produção média foi de: 5613,27± 1558, 7498,05 ± 1796 e 6888,5± 1912 kg para o alho francês, a beterraba e a cenoura, respetivamente (quadro 5).

Quadro 5: Estatísticas descritivas da produção das três culturas

cultura	Variável	N	Meios.	Var.	Min.	Máximo
Beterraba	produção (Kg)	113	6 888,5	20433584,46	2000	50000
Cenoura	produção (Kg)	113	7 498,05	23066334,26	3000	55000
Alho-porro	produção (Kg)	113	5 613,27	3392124,68	2000	10500

4.5- Classificação das explorações hortícolas do concelho

A análise estatística revela que 11 explorações hortícolas, ou seja, 10% das explorações da amostra, são consideradas pobres. Representam a categoria mais pequena, com um produto bruto anual médio de 157 500 gourdes (1 193 dólares) à taxa de referência do BRH (132 gourdes = 1 dólar) para uma superfície média cultivada de 0,168 hectares de produção hortícola. Estas explorações funcionam sem formação, assistência ou acesso ao crédito agrícola. Não dispõem dos recursos necessários para aumentar a sua superfície cultivada e obter um produto bruto mais elevado. Por outro lado, 18 explorações hortícolas, ou seja, 16% das explorações da amostra, são classificadas como pobres, com um produto bruto médio anual de 317 500 gourdes (2 405 dólares) para uma superfície média cultivada inferior a 1 hectare, ou seja, 0,76 hectares.52 As explorações hortícolas da secção comunal de San-Yago, ou seja, 46%, são classificadas como tal, o que faz com que seja a categoria mais difundida na área de estudo, com uma área média cultivada de não mais de 1 hectare. O produto bruto anual médio é de 667.101 gourdes ($5.053). Por fim, 32 explorações hortícolas, ou seja, 28% das explorações da amostra, são consideradas como bem-sucedidas, com um produto bruto anual médio de 797.500 gourdes ($6.041). hortícolas. A sua superfície cultivada não ultrapassa os 2,58 hectares, com uma média de 2 hectares. Estas explorações caracterizam-se por meios de produção significativos, têm acesso a créditos agrícolas do BNDA e participam ativamente na formação agrícola.

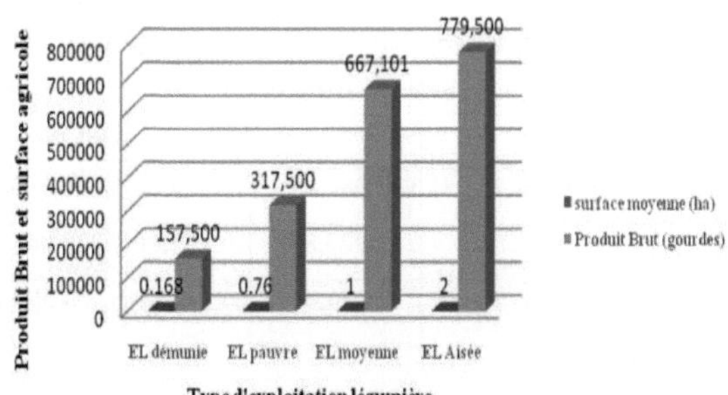

Figure 4: Classification of vegetable farms in the municipality of Saint-Raphaël

4.6- Análise dos indicadores de rentabilidade económica das culturas abrangidas

Esta secção apresenta uma visão global dos principais indicadores económicos utilizados para avaliar a rentabilidade económica das explorações agrícolas estudadas.

4.6.1- Rendimento bruto das explorações hortícolas

A análise dos dados evidencia o rendimento bruto médio das culturas de alho francês, de cenoura e de beterraba, que produzem, respetivamente, 601 257 ± 421 339, 320 580 ± 248 772 e 165 214 ± 147 351 gourdes por hectare (quadro 6). A cultura de produtos hortícolas na comuna de Saint-Raphaël gera assim um produto bruto total de 1 087 053,44 gourdes por hectare.

Quadro 6: Produto bruto em VAB por ha de culturas hortícolas selecionadas

Cultura	variável	N	Meios.	Min.	Máximo
Beterraba	PB	113	165 214,54	19 380,00	2 325 581,00
Cenoura	PB	113	320 580,96	28 979,00	6 201 550,00
Alho-porro	PB	113	601 257,94	103 359,00	9 689 922,00
Total	1 087 053,44				

4.6.2- Valor acrescentado das explorações hortícolas

Em termos de valor acrescentado, as culturas hortícolas geram uma riqueza média de 515 030 ± 385 896, 26 3725 ± 224 156 e 126 986 ± 128 817 gourdes por hectare, respetivamente. (quadro 7). No total, estas culturas contribuem para a riqueza da comuna de Saint-Raphaël com um montante estimado em 905 743,24 gourdes. É portanto notável constatar que as culturas hortícolas desempenham um papel importante na criação de riqueza nesta comuna.

Quadro 7: Valor acrescentado em VAB por ha de culturas hortícolas selecionadas

Cultura	Variável	N	Meios.	Min.	Máximo
Beterraba	VA	113	126 986,52	1 452,00	1 820 439,00
Cenoura	VA	113	263 725,87	16 905,00	5 239 044,00
Alho-porro	VA	113	515 030,85	60 509,00	8 634 393,00
Total	905 743,24				

4.6.3- Valorização do dia de trabalho nas explorações hortícolas

Os rendimentos médios diários foram de 25 405 ± 50 372, 14 355 ± 31 073 e 7 405 ± 21 963 gourdes/dia, respetivamente, para as culturas de alho francês, cenoura e beterraba na secção comunal de San-Yago (quadro 8). O valor total médio das culturas hortícolas foi de 15 722,11 gourdes por hectare.

Quadro 8: Valor do dia de trabalho para culturas hortícolas selecionadas

Cultura	Variável	N	Meios.	Min.	Máximo
Beterraba	VJT	113	7 405,07	45,38	179 105,30
Cenoura	VJT	113	14 355,48	565,25	233 368,86
Alho-porro	VJT	113	25 405,79	1 890,89	395 675,06
Média	15 722,11				

4.6.4- Rendimento das explorações hortícolas

O rendimento médio por hectare das culturas de alho francês, cenoura e beterraba na secção comunal de San-Yago é, respetivamente, de 393 707 ± 331 922, 197 398 ± 188 099 e 83 662 ± 86 347 gourdes por hectare (quadro 9). A cultura de produtos hortícolas na comuna de Saint-Raphaël gera, portanto, um rendimento total médio de 674 767 gourdes por hectare.

Quadro 9: Rendimento em VAB por ha de culturas hortícolas selecionadas

Cultura	Variável	N	Meios.	Min.	Máximo
Beterraba	Rendimento	113	83 662,09	233,00	1 264 884,00
Cenoura	Rendimento	113	197 398,15	1 804,00	4 683 488,00
Alho-porro	Rendimento	113	393 707,01	10 848,00	8 001 318,00
Total	674 767,25				

4.6.5- Taxa de rendimento económico das culturas hortícolas

Na secção comunal de San-Yago, as culturas hortícolas geram taxas de rendimento distintas, com percentagens que variam consoante o tipo de cultura. Para o alho francês, a taxa é de 61%, enquanto para a cenoura e a beterraba as taxas são de 48% e 40%, respetivamente (quadro 10). Globalmente, a rendibilidade média destas culturas é de 50%.

Quadro 10: Taxa de rendimento económico para culturas hortícolas selecionadas

Cultura	Variável	N	Meios.	Min.	Máximo
Beterraba	Rentabilidade	113	40%	2%	90%
Cenoura	Rentabilidade	113	48%	13%	90%
Alho-porro	Rentabilidade	113	61%	7%	99%

4.7- Análise dos factores socioeconómicos que influenciam a rentabilidade

Os resultados dos testes ANOVA e Pearson revelaram a influência significativa de vários factores socioeconómicos na rentabilidade económica das culturas hortícolas na comuna de Saint-Raphaël. A análise ANOVA mostrou que o acesso ao crédito agrícola, a participação na formação agrícola, o nível de educação dos agricultores e o seu envolvimento em pelo menos uma atividade de extensão agrícola tiveram um impacto significativo na rentabilidade económica, com um nível de significância de 1% (p = 0,0001) (ver Figuras 8 a 10). Por outro lado, o sexo dos agricultores e o facto de pertencerem a uma organização de agricultores não revelaram qualquer influência significativa na rentabilidade económica das explorações hortícolas. Além disso, o teste de Pearson revelou correlações significativas entre o número de anos de experiência dos produtores de produtos hortícolas, a sua idade, a dimensão do agregado familiar e a taxa de rentabilidade económica das explorações hortícolas. Por outro lado, não foi observada qualquer correlação significativa entre a mão de obra disponível e a superfície semeada e a rentabilidade económica (figura 11).

4.8- Análise dos constrangimentos ligados às culturas objeto do estudo

Os constrangimentos encontrados na comuna de Saint-Raphaël para a produção das culturas em causa são múltiplos, englobando aspectos técnicos, ambientais, económicos e financeiros que comprometem a sua rentabilidade económica.

4.8.1- Condicionalismos técnicos

Na comuna de Saint-Raphaël, os constrangimentos técnicos que afectam as culturas hortícolas são particularmente acentuados. A utilização de sementes obsoletas ou de má qualidade compromete seriamente o potencial de rendimento das culturas. Além disso, devido à falta de acompanhamento e de formação, os horticultores adoptam frequentemente práticas de cultivo inadequadas e combinações de culturas não recomendadas, o que pode ser prejudicial ao crescimento e à saúde das plantas. A utilização irracional e inadequada de pesticidas e fertilizantes também agrava estes problemas, conduzindo a uma gestão ineficaz dos nutrientes e das doenças. Além disso, a falta de equipamento agrícola moderno e suficiente limita gravemente a capacidade dos produtores para melhorarem as suas práticas agrícolas e optimizarem a sua produção. Estas limitações técnicas estão a travar o desenvolvimento das culturas hortícolas na região, reduzindo a sua rentabilidade e competitividade.

4.8.2- Condicionalismos ambientais

O ambiente tem uma influência considerável nas actividades agrícolas e vice-versa. Na comuna de Saint-Raphaël, os períodos de seca devidos à frequente falta de chuva, combinados com um sistema de irrigação mal concebido e obstruído por sedimentos, reduzem o fluxo de água disponível para a irrigação das culturas, enquanto a utilização de águas de drenagem para irrigação acelera a propagação de doenças e insectos de uma parcela para outra, constituindo também uma ameaça para as hortas comerciais da zona. Além disso, os fenómenos meteorológicos extremos e imprevisíveis afectam significativamente a produção de hortas comerciais na comuna. Consequentemente, estas limitações atrasam os períodos de plantação, afectando assim o calendário das colheitas e a disponibilidade de produtos hortícolas no mercado e dificultando o planeamento a longo prazo.

4.8.3- Condicionalismos económicos e financeiros

Os constrangimentos económicos e financeiros são os desafios mais preocupantes para os horticultores da comuna de Saint-Raphaël. Em menos de um ano, o preço dos factores de produção aumentou consideravelmente: por exemplo, um saco de 100 libras de adubo completo que custava entre 4.000 e 5.000 gourdes é agora vendido por 10.000 gourdes. Da mesma forma, o preço de alguns produtos fitossanitários aumentou significativamente, passando de 350 gourdes para 750 gourdes ou mais. O custo cada vez mais elevado das sementes e da mão de obra, combinado com a fraca capacidade de autofinanciamento e o acesso limitado ao crédito agrícola, limita a capacidade dos agricultores de utilizarem plenamente as suas parcelas, dificultando ainda mais a produção hortícola na região.

4.8.4- Condicionalismos em matéria de infra-estruturas

Os condicionalismos infra-estruturais, como a falta de equipamentos de armazenamento pós-colheita e de transformação dos produtos hortícolas, fazem com que os horticultores tenham dificuldades técnicas em assegurar a durabilidade dos seus produtos, o que aumenta consideravelmente as perdas pós-colheita e reduz o seu rendimento. Além disso, a falta de investimentos na mecanização das explorações agrícolas e na indústria agroalimentar limita a capacidade de produção e de transformação, o que prejudica o potencial de crescimento do sector hortícola da comuna.

4.8.5- Constrangimentos institucionais

Os constrangimentos institucionais têm um impacto considerável na rentabilidade económica da horticultura na comuna de Saint-Raphaël. A falta ou ausência de apoio financeiro e técnico, nomeadamente em termos de subsídios e de formação, aumenta os custos de produção e limita a adoção de práticas e tecnologias modernas, o que pode reduzir o rendimento das culturas hortícolas no município.

Além disso, a falta de infra-estruturas adequadas para armazenar, conservar, perpetuar, transportar e comercializar os produtos hortícolas conduz a perdas pós-colheita e a preços de venda baixos, reduzindo os rendimentos dos horticultores. A ausência de políticas agrícolas claras e de regulamentação adequada cria um clima de incerteza, desencorajando o investimento e expondo os agricultores a perdas devido a pragas e doenças não controladas. Por último, o acesso limitado aos serviços públicos, como os programas de investigação e de formação, dificulta a inovação e a melhoria das práticas agrícolas nesta comuna. Em conjunto, estes constrangimentos institucionais comprometem a rentabilidade económica das explorações hortícolas, reduzindo a sua capacidade de maximizar a rentabilidade técnica (produção, rendimentos), de gerir a rentabilidade alocativa (custos eficientes) e de aceder aos mercados de forma competitiva.

4.9- Análise dos activos

O município de Saint-Raphaël dispõe de três zonas de regadio, duas das quais situadas na secção de San-Yago do município: a grande zona de Merlaine e a pequena zona de Merlaine. Para além disso, existem mais de 40 nascentes inexploradas em Merlaine. A exploração destas oportunidades requer apenas uma vontade popular e pública para reabilitar os sistemas existentes e aumentar a captação de nascentes em Merlaine, a fim de aumentar a quantidade e o caudal do pequeno perímetro de Merlaine. Além disso, as condições edafoclimáticas da zona são ideais para a produção hortícola. O solo proporciona um ambiente ótimo para a horticultura de mercado. Além disso, a presença de organizações de agricultores, do BAC e de jovens agrónomos e técnicos agrícolas na comuna constitui um trunfo considerável. Estes actores representam um capital humano dinâmico que os horticultores e os decisores podem mobilizar para melhorar a rentabilidade técnica e económica das culturas estudadas, ou mesmo explorar novas oportunidades.

Ao aproveitar estes recursos de forma eficaz e ao incentivar a colaboração entre os vários intervenientes, é possível transformar estes activos em realidades tangíveis, contribuindo assim para reforçar a economia local e promover o desenvolvimento sustentável do município através do sector hortícola.

4.10- DEBATES

O objetivo deste estudo é analisar a rentabilidade económica das explorações hortícolas da comuna de Saint-Raphaël. No que diz respeito às caraterísticas dos agricultores, é de notar que a cultura hortícola nesta comuna é largamente dominada pelos homens, que representam 80% da amostra. Esta constatação não está longe dos resultados obtidos por St-Pierre, Jean Luc (2022) na secção comunal de Grand Fond, comuna de Kenscoff, onde 85% das explorações da sua amostra eram geridas por homens. Esta predominância dos homens poderia ser explicada pelo papel tradicionalmente atribuído às mulheres na comercialização dos produtos agrícolas, enquanto a agricultura continua a ser uma atividade essencialmente masculina. Os resultados do estudo revelam também que 21% dos agricultores da amostra são analfabetos, uma percentagem ligeiramente superior aos 13% obtidos por St-Pierre, Jean Luc (2022) na comuna de Kenscoff. Esta diferença pode ser atribuída à localização geográfica de Saint-Raphaël, que fica mais longe dos centros urbanos e, portanto, menos acessível às instituições de ensino. Além disso, 38% dos agricultores da amostra são membros de uma organização de agricultores, enquanto apenas 18,5% o são na comuna de Kenscoff. Esta diferença pode ser explicada pela melhor organização dos agricultores da comuna de Saint-Raphaël. A idade média dos agricultores é de 45 anos, o que não está muito longe dos 43 anos registados por St-Pierre Jean Luc (2022). Esta ligeira diferença pode dever-se ao facto de Kenscoff ser uma zona periurbana onde o mercado dos produtos hortícolas é mais acessível, atraindo assim uma população mais jovem para a horticultura. Além disso, a dimensão média das explorações hortícolas na comuna de Saint-Raphaël é relativamente pequena, com 0,617 hectares, contra 0,76 hectares na comuna de Kenscoff. Esta disparidade pode ser explicada pelo nível da procura e dos incentivos em cada região; estando Kenscoff mais próximo da área metropolitana, a procura de produtos hortícolas é potencialmente mais elevada. Na secção comunal de San-Yago, os horticultores recorrem principalmente a dois tipos de mão de obra: a mão de obra assalariada, organizada em esquadrões, e a mão de obra familiar. A mão de obra familiar é utilizada principalmente para tarefas simples, enquanto a mão de obra contratada é mobilizada para tarefas mais exigentes, como a monda e a aplicação de fertilizantes. Para satisfazer as necessidades de mão de obra da horticultura comercial, os agricultores mobilizam, em média, 19 dias-homem por hectare para várias actividades, como a transplantação, a sementeira, a sacha e a aplicação de fertilizantes. No que se refere às sementes, na comuna de Saint-Raphaël, as sementeiras variam consoante as culturas. No caso do alho francês, é utilizada uma quantidade elevada de sementes por hectare, ultrapassando largamente as recomendações da literatura, que vão de 1,5 a 4 kg/ha. Esta diferença pode provavelmente ser explicada pelo incumprimento das distâncias de plantação recomendadas. Os horticultores semeiam uma quantidade ligeiramente superior de cenouras, cerca de 6,74 kg/ha, em comparação com as recomendações de 4 a 5 kg/ha. No entanto, no caso da beterraba, os horticultores utilizaram menos sementes do que as recomendadas, semeando cerca de 5,47 kg/ha, quando, segundo a literatura, as recomendações são geralmente de 8 a 10 kg/ha. Para produzir 1 hectare de alho francês, o agricultor investe 208 009 gourdes, enquanto que para a cenoura e a beterraba, os custos são de 134 738 e 100 670 gourdes, respetivamente. A horticultura gera um produto bruto total médio de 1.087.053 HTG (8.235 USD) por hectare, ultrapassando os resultados apresentados por St-Pierre-Jean Luc (2022) para a comuna de Kenscoff, onde a horticultura produziu um produto bruto médio de 7.710 USD para as principais culturas consideradas. Esta disparidade pode ser explicada pelo facto de as principais culturas praticadas na comuna de Saint-Raphaël serem diferentes das praticadas em Kenscoff. Apesar de os agricultores de Saint-Raphaël serem geralmente mais velhos e cultivarem áreas mais reduzidas do que os de Kenscoff, as explorações hortícolas de Saint-Raphaël registaram um produto bruto mais elevado no mesmo ano de estudo. A análise revela igualmente que a horticultura comercial gera uma riqueza avaliada em 6 861 USD na comuna de Saint-Raphaël, contra 6 277 USD em Kenscoff. Esta diferença explica-se pelo consumo intermédio das principais culturas hortícolas na comuna de Kenscoff, que é três vezes superior ao das culturas hortícolas na comuna de Saint-Raphaël. comuna de Saint-Raphaël. Além disso, as principais culturas abrangidas não são idênticas nas duas comunas. Os resultados são igualmente reveladores no que respeita ao valor do dia de trabalho. Em média, um dia de trabalho na cultura de legumes na secção comunal de San-Yago é avaliado em 15 722,11 HTG (119 USD) por hectare e por dia. Por outras palavras, para um hectare de terra, um dia de trabalho no cultivo de legumes é avaliado em 15 722,11 HTG para o ano de 2022, após dedução do consumo intermédio e da depreciação. Estes números sublinham a importância vital da horticultura na criação de riqueza no município de Saint-Raphaël. Além disso, o rendimento total médio gerado por hectare de culturas hortícolas é de 674.767,25 HTG (5.111 dólares) na comuna de Saint-Raphaël, em comparação com 9.842.000,00 FCFA (16.200,00 dólares) nas comunas de

Imanan e Tagazar no Níger. Esta diferença evidencia as disparidades de riqueza entre as regiões, bem como os factores económicos, agro-ambientais e estruturais que influenciam a rentabilidade das explorações hortícolas. Por outras palavras, por cada 100 gourdes investidos na horticultura comercial na secção comunal de San-Yago, os horticultores obtêm um rendimento de 50 gourdes. Os resultados do teste ANOVA revelaram uma dependência significativa da rentabilidade económica em relação a diversas variáveis socioeconómicas dos agricultores. Em particular, o acesso ao crédito agrícola, o nível de educação dos agricultores e a participação em formação agrícola tiveram uma influência significativa na rentabilidade económica, com um nível de significância de 1% (p = 0,0001). Estes resultados sugerem que o acesso ao crédito agrícola pode aumentar a taxa de rendibilidade e que um nível de educação mais elevado dos agricultores está associado a uma maior rendibilidade das explorações. Além disso, os resultados do teste de Pearson mostraram que a dimensão do agregado familiar exerce uma influência significativa e positiva na taxa de rentabilidade económica das culturas hortícolas, com um valor de p de 0,0103. Isto mostra que, apesar da predominância da mão de obra assalariada na região, a dimensão do agregado familiar continua a ser um fator crucial, proporcionando uma importante fonte de mão de obra não assalariada para a produção de produtos hortícolas na comuna de Saint-Raphaël. Além disso, a experiência dos horticultores também mostrou uma influência significativa e positiva, com um valor de p de 0,0001. Esta influência positiva pode ser atribuída à capacidade dos horticultores de corrigir erros técnicos de anos anteriores, melhorando assim a sua rentabilidade económica. Por outro lado, a idade dos horticultores mostrou uma influência significativa mas negativa sobre a taxa de rentabilidade económica, sugerindo que um aumento da idade poderia estar associado a uma diminuição da rentabilidade. Estes resultados confirmam a nossa primeira hipótese de investigação. No que diz respeito aos constrangimentos que dificultam a rentabilidade económica da horticultura na comuna, os resultados revelam constrangimentos técnicos, ambientais, económicos, financeiros, infra-estruturais e institucionais. Perante estes resultados, concluímos que os constrangimentos enfrentados pelos horticultores de San-Yago não são diferentes dos encontrados noutras regiões do país, onde as explorações são abandonadas à sua sorte, sem novas técnicas de produção, sem novos equipamentos, sem apoio e quase sem crédito agrícola. Estes resultados confirmam a nossa hipótese final de investigação.

CONCLUSÃO E RECOMENDAÇÕES

Neste estudo, propomo-nos analisar a rentabilidade económica das explorações hortícolas do município de Saint-Raphaël no ano de 2022, com foco nos factores que influenciam a rentabilidade económica das culturas hortícolas e os constrangimentos à produção hortícola nesta área. Para tal, foram definidos objectivos específicos para responder a estas questões. Em primeiro lugar, a análise estatística mostrou que 80% dos inquiridos eram homens e que 55% deles praticavam a agricultura como atividade principal. Apenas 20% tinham acesso a crédito agrícola e a área média cultivada com hortícolas era de 0,617 hectares. Para o nosso segundo objetivo específico, as explorações hortícolas foram categorizadas em quatro grupos: pobres (10%), pobres (16%), médias (46%) e abastadas (28%).Para o nosso terceiro objetivo, avaliámos os indicadores de rentabilidade económica. A horticultura gerou um produto bruto total médio de 1.087.053 gourdes e um rendimento total médio de 674.767,25 gourdes por hectare. As taxas de rendimento económico variam de cultura para cultura, sendo a média das explorações hortícolas estimada em 50%. Tendo em conta estes resultados, concluiu-se que as explorações hortícolas da comuna de Saint-Raphaël são economicamente rentáveis. No entanto, os resultados do presente estudo mostram que a cultura do alho francês se destaca estatisticamente como sendo mais rentável do ponto de vista económico. Ao mesmo tempo, os testes ANOVA e Pearson evidenciaram os factores que influenciam a rentabilidade económica das culturas estudadas, que são principalmente de natureza socioeconómica, como a dimensão do agregado familiar, o nível de educação dos agricultores, o acesso ao crédito agrícola e outros.De acordo com o último objetivo, foram identificados vários constrangimentos, nomeadamente de natureza técnica, ambiental, financeira e infraestrutural. Apesar destes constrangimentos, o município dispõe de trunfos consideráveis. As condições edafoclimáticas favoráveis e o capital humano disponível na região proporcionam um ambiente favorável ao desenvolvimento da horticultura de mercado. No entanto, para explorar estas oportunidades, é necessário reforçar a nossa determinação e tomar medidas concretas para as transformar numa realidade tangível. Após a análise dos diferentes problemas e limitações do sector agrícola haitiano, nomeadamente na comuna de Saint-Raphaël, verifica-se que as explorações agrícolas poderiam ser mais rentáveis. Com efeito, os factores ambientais e certos factores sociais favoráveis estão presentes na região. No entanto, a ausência de políticas esclarecidas para o sector agrícola a nível nacional conduziu a uma falta de incentivos e de condições atractivas para encorajar o investimento neste sector. É fundamental sublinhar que não pode haver desenvolvimento agrícola sem desenvolvimento das explorações agrícolas, nem desenvolvimento das explorações agrícolas sem melhores condições para os agricultores. Do mesmo modo, a autossuficiência alimentar não pode ser alcançada sem autonomia financeira ao nível das explorações agrícolas, porque o desenvolvimento agrícola está intrinsecamente ligado ao desenvolvimento das explorações agrícolas. No final deste estudo, foi confirmada a hipótese de investigação segundo a qual os factores socioeconómicos influenciam a rentabilidade económica das culturas hortícolas na comuna. No entanto, este estudo tem certas limitações e não teve em conta todos os factores que poderiam explicar este fenómeno. Seria, portanto, oportuno que outros investigadores examinassem esta questão na mesma região e para as mesmas culturas, a fim de identificar outros factores que têm uma influência positiva e significativa na rentabilidade económica das explorações hortícolas. Assim, para melhorar a rentabilidade económica das explorações hortícolas da região, são feitas recomendações a curto e médio prazo:

A curto prazo, os decisores devem :
➤ O acesso ao crédito agrícola na comuna de Saint-Raphaël;
➤ Formar os horticultores na utilização racional e óptima dos fertilizantes minerais e dos pesticidas e facilitar o acesso a factores de produção de qualidade;
➤ Incentivar a criação de associações de agricultores, nomeadamente através de assistência financeira e material;
➤ Criar condições atractivas para facilitar a entrada dos jovens no sector; incentivar os agricultores a cultivar mais alho-porro.
A médio prazo, os decisores devem :
➤ Criação de uma política agrícola destinada a: intensificar as superfícies cultivadas, controlar os preços e os subsídios e desenvolver a mecanização agrícola e a monocultura;
➤ Reforçar a capacidade dos produtores, nomeadamente em termos técnicos;

➤ Ao reabilitar e aumentar as infra-estruturas hidro-agrícolas da zona, esta política permitiria uma melhoria média do nível de rentabilidade da zona;
➤ Aumentar os conhecimentos financeiros e as competências empresariais dos horticultores;
➤ Melhorar o funcionamento dos mercados e dos sistemas de negociação ;

➤ Criar as condições necessárias para facilitar o estabelecimento de indústrias agro-alimentares, a fim de estimular, melhorar e sustentar a produção de vegetais na região.

REFERÊNCIAS BIBLIOGRÁFICAS

1. **Adamou, I. (2020).** Técnicas de produção de culturas de regadio (Cenoura). Ministério da Agricultura do Níger [Online]. Acedido em 1 de abril de 2024. < https://duddal.org/files/original/88c8be5be533c4e041b455eea6fcc57a6c480bdb. pdf >

2. **Agreste.(2013).**Thefarms légumièresen IIe-de-France.ATE-Avenir Télématique[On online]. Acedido em 8 de agosto de 2023. <http://sgproxy02.maaf.ate.info/IMG/pdf/dossier16_chapitre3.pdf>

3. **Agridea (2017).** Agricultura biológica. [Online]. Acedido em 1 de abril de 2024.<https://www.agridea.ch/fileadmin/AGRIDEA/Theme/Productions_vegetales/Ag ricultureBiological_Technical_Sheets_Samples/Growing_Crops/4.3.1-10_Betterave.pdf>

4. **Albouchi, L., & Bachta, M. (2007).** Estimativa e decomposição da eficiência económica das áreas irrigadas para melhor gerir as ineficiências existentes. [Em linha]. Acedido em 7 de novembro de 2023. <https://hal.science/cirad-00193606/document>

5. **Banco Mundial. (2021).** Agricultura e Alimentação. Banco Mundial [Online]. Acedido em 8 de agosto de 2023. <https://www.banquemondiale.org/fr/topic/agriculture/overview>

6. **Barbacar, F., Sadibou, S, Mamadou, D-F., & Bachir, W (2020).** Desempenho agroeconómico da Ureia Super Granulada: o caso do arroz no Senegal. Jornal Científico Europeu [Online]. 364-380. Acedido em 8 de agosto de 2023.<https://eujournal.org/index.php/esj/article/view/12937>

7. **Bognini, S. (2010).** A horticultura de mercado e a segurança alimentar nas zonas rurais. Tese de mestrado, Universidade de Ouagadougou [Em linha]. Acedido em 30 de novembro de 2022. <https://www.memoireonline.com/02/12/5258/m_Cultures-maraicirccheres-et-securite- alimentaire-en-milieu-rural4.html >

8. **CIRAD. (2009).** Cálculos económicos com o software Olympe para redes de explorações agrícolas de referência e definições para o projeto PAMPA. Centre de coopération Internationale en Recherche Agronomique pour le Développement [Em linha]. Acedido em 4 de abril de 2024. <https://agritrop.cirad.fr/563699/>

9. **Durant, D. (2005).** La rentabilité des entreprises: une approche à partir des comptes nationaux. Bulletin de la Banque de France N° 134. Autorité de Contrôle Prudentiel et de Résolution [Em linha]. Acedido em 26 de novembro de 2023. <https://acpr.banque-

france.fr/fileadmin/user_upload/banque_de_france/archipel/publications/bdf_bm/
etudes_b df_bm/bdf_bm_134_etu_2.pdf >

10. **El Ouaamar,S.,Tillie,P., Sanou,F-L., Trèves,V., Girard,C., gomez-Y-
Paloma,S., & Cochet, H. (2019)**. desempenho económico da agricultura
familiar, patronal e empresarial. Costa d o   Marfim [Online]. Acedido em 26
de novembro de
2023.<https://publications.jrc.ec.europa.eu/repository/bitstream/JRC116258/jrc11
6258_online. pdf>

11. **FAO. (1995).** Definições e conceitos. Food and Agriculture Organization of
the United Nations. and Agriculture.N 5° [Em linha]. Acedido em 23 de janeiro de
2023.
<https://www.fao.org/3/az958f/az958f.pdf>

12. **FAO. (2000).** The role of agriculture in the development of the least
developed countries and their integration into the world economy [Em linha].
Acedido em 23 de janeiro de 2023.
<https://www.fao.org/publications/card/fr/c/474d46ee-a35c-5454-b693-
025e269f18e6/>

13. **FAO. (2001).** Sistemas agrícolas e pobreza: melhorar os meios de
subsistência dos agricultores num mundo em mudança. Organização das Nações
Unidas para a Alimentação e a Agricultura [Em linha]. Acedido em 23 de
janeiro de 2023.
<https://www.fao.org/3/Y1860f/y1860f00.htm>

14. **FAO. (2004).** Frutas e legumes para a saúde. Food and Agriculture
Organization and Agriculture [Em linha]. Acedido em 1 de outubro de 2023
<https://www.fao.org/fileadmin/templates/agphome/documents/horticulture/WHO/KO
BE-Fran%C3%A7ais.pdf>

15. **FAO. (2022)**. O país num ápice. Organização das Nações Unidas para a
Alimentação e a Agricultura [Em linha]. Acedido em 1 de abril de 2023.
Recuperado de< https://www.fao.org/haiti/fao-en-haiti/le-pays-en-un-coup-
doeil/fr/ >

16. **FAOSTAT. (2022)**. Dados sobre vegetais no Haiti [Online]. Acedido em 25
de novembro de 2022. <https://www.fao.org/faostat/fr/#data/QCL>

17. **FIDA. (2021).** nota de estratégia do país, nota Relatório principal e. Fundo
Internacional para o Desenvolvimento Agrícola [Online]. Acedido em 10 de
janeiro de 2023 <
https://www.ifad.org/documents/38711624/39485439/Haiti+Country+Strategy+N
ote+202 2-2023.pdf/43429f0f-05af-751c-1c84-
3e0a00958240?version=1.1&t=1652704140286&download=true >

18. **François, P. (2008).** O sistema de cultivo: um conceito significativo para pensar o futuro. CahiersAgricultures.Vol.17 N 3 [Em linha].Acedido em 1 de abril de 2024, <https://revues.cirad.fr/index.php/cahiers-agricultures/article/view/30717>

19. **François, R. (2017).** Avaliação técnico-económica da cultura do alho-porro (Allium porum) na secção San-Yago durante o período 2014-2015 (caso do grande perímetro irrigado, SCIPA), St Raphael [Online]. Tese de licenciatura, Université Chrétienne du Nord.   Acedido em 1 de dezembro de 2022. <https://issuu.com/reginaldfrancois7/docs/memoire_reginald_bon_document_lisan>

20. **Gras, R. (1990).** Sistemas de cultivo, definições e conceitos-chave. ln Les systèmes de culture. Coord. Combe L., Picard O., (coords.). Paris, INRA, p. 7-14.

21. **Guen, A. (2016).** prendre en compte les enjeux économiques des exploitations agricoles dans les démarches de protection des captages. paris: Ministère de l'Agriculture et de l'Alimentation.

22. **IHSI (2015).** População total, com 18 e mais anos; agregados familiares e densidades estimadas em 2015. www.haiti-now.org [Online]. Acedido em 7 de novembro de 2022 <https://www.haiti- now.org/wp-content/uploads/2020/04/population-total-18-and-older-2015.pdf >

23. **ITCMI. (2022).** Fiche techniques valorisées des cultures maraichères et industrielles. Ministère de l'Agriculture et du Développement Rural [Em linha]. laboress-afrique.org. Acedido em 1 de abril de 2024**<https://itcmi-dz.org/wp-content/uploads/2022/06/POIREAU pdf >**

24. **Jean-Denis, S. (2015).** Cours de cultures maraîchères, Damien. Port-au-Prince: FAMV,P. 22.

25. **Jeanniton, J., & Bellande, A. (2016).** HAITI: Plano Nacional de Investimento Agrícola [Online]. Ministério da Agricultura, Recursos Naturais e Desenvolvimento Rural. Recuperado em 25 de novembro de 2022. **<https://www.gafspfund.org/sites/default/files/inline-files/7.%20Haiti_Investment%20Plan.**pdf>

26. **Jouve, P. (2003).** Sistemas de cultivo e organização espacial dos territórios: uma comparação entre a agricultura temperada e tropical. Actas do colóquio internacional (pp. 7-14). Montpellier [Em linha]: Acedido em 5 de novembro de 2022.<https://agritrop.cirad.fr/518697/1/ID518697.pdf>

27. **Lassana,T.,Konipo,O., & Diagne,A (2021, dezembro).** Analyse de la Rentabilité Économique et Financière de la Production Cotonnière au Mali. Revue Scientifique biannuelle de l'Université Ségou [Em linha], pp. 108-132. Acedido em 8 de agosto de 2023.<https://hal.science/hal-03147509/document>

28. **Laurent, C., & Rémy, J. (2000).** L'exploitation agricole en perspective [Em linha]. In courrier de l'environnement de l'INRA (Nº 41), 5-22. Acedido em 25 de novembro de 2022. < **https://hal.science/hal-01220445/file/C43oepe%20-%20copie.pdf** >

29. **Malézieux, E., & Trébuil, G. (2000).** Agronomia e gestão do ambiente e dos recursos naturais no CIRAD [Em linha]. Acedido em 1 de dezembro de 2022.

<https://www.researchgate.net/publication/252320838_L'agronomia_e_ambi ente_e_gestao_de_recursos_naturais_na_Cirad_Reflexões_propostaelement os_de_perspectiva >

30. **Malla, I. A., & Yabi, A. (2023).** Les déterminants de la rentabilité économique des entreprises paysannes en milieu rural dans le Borgou au Bénin. Revista Científica Africana. Vol 3, N16 [Online]. Acedido em 7 de novembro de 2023 **<https://hal.science/hal- 03961554/document >**

31. **MARNDR (2015).** Diagnostic des systèmes de production en vue de la relance de la vulgarisation agricole [Online]. Ministério da Agricultura, dos Recursos Naturais e do Desenvolvimento Rural.   Acedido em 25 de novembro de 2022.

<https://agriculture.gouv.ht/view/01/IMG/pdf/rapport-final-etude_systemes_de_production-2.pdf >

32. **MEF. (2015).** programme de développement régional de la boucle centre-Artibonite [Online].Retrieved on 25 November 2022.

<https://www.mtptc.gouv.ht/media/upload/doc/publications/Aposter31072.pdf>

33. **MEF. (2021).** Projeto de acessibilidade e resiliência rural [Online]. Acedido em 25 de novembro de 2022.

<https://www.mtptc.gouv.ht/media/upload/doc/publications/PARR- BCA-PGES_Centre_Entretien_routier_Saint_Michel_sept2023.pdf >

34. **Moïse, P. (2017).** Estudo de mercado da área metropolitana de Port-au-Prince: primeiro passo para o estabelecimento de uma quinta de produção de hortas em Dumé, croix-des- bouquets. Dissertação, Université de Liège [Em linha]. Acedido em 8 de agosto de 2023.

<https://matheo.uliege.be/handle/2268.2/3087?locale=fr>

35. **NAZA. (2016, 31 de dezembro).** Reanálise da era do satélite Merra-2. Recuperado de en.weatherspark.com [Online]. Recuperado em 8 de agosto de 2023:< https://fr.weatherspark.com/y/25378/Météo-moyenne-à-Saint-Raphaël-Haiti-tout-au-long- of-year>

36. **Pirou, J. (2005).** Medida da rentabilidade económica das empresas. Curso de análise financeira, Universidade Ibn Zohr [Em linha]. Acedido em 20 de dezembro de 2022.

<https://www.studocu.com/row/document/universite-ibn-zohr/analyse-financiere/la- rentabilte-introduction/85050963 >

37. Statista (2023, 23 de janeiro). Produção de vegetais por continente 2021. Recuperado de en.statista.com [En line]. Recuperado de em 1 de abril de 2024: **<https://fr.statista.com/statistiques/565143/production-de-legumes-a-l-echelle- mondiale-par-region/ >**

38. St-Pierre, J. (2022). Contribution au maraichage périurbain par l'analyse de la production maraichère dans la commune de Kenscoff (Haïti) : Cas de la section communale de Grand Fond [Online]. Tese de mestrado, Universidade de Liège. Acedido em 25 de novembro de 2022. **<https://matheo.uliege.be/bitstream/2268.2/16318/4/TFE_Jean%20Luc%20S T- PIERRE_s214934.pdf >**

39. Sebillotte, M. (1993). Sistema de cultura. Encylopédia Universalis p. 558-961

40. Yehouenou, L. S. (2011). rentabilidade financeira da produção de couve-maçã e pimentão sob redes anti-insectos. Dissertação, UNIVERSITE D'ABOMEY-CALAV [Em linha]. Acedido em 30 de novembro de 2022. <https://agritrop.cirad.fr/569276/>

APÊNDICE

Apêndice 1: Questionário do inquérito Secção 1: Informações gerais

N0	Questão	Resposta
I01	Número do formulário de perguntas	
I02	Data da entrevista	
I03	Apelido e nome próprio do inquirido	
I04	Diretor de operações	
I05	Município/secção	
I06	Sexo do inquirido (0=masculino, 1=feminino)	
I07	Idade do inquirido	
I08	Estado civil (0=solteiro, 1=casado, 2=divorciado, 3=união de facto)	
I09	Nível de ensino (0=não alfabetizado, 1=primário, 2=secundário, 3=pós-secundário)	
I10	Dimensão do agregado familiar	
I11	Sexo e idade da família MO. Rep.	
I12	Ocupação principal (0=agrícola, 1=lojista, 2=professor, 3=empregado agrícola, 4=pedreiro, 5=outra)	

Secção 2: informações técnicas

N0		Resposta
1	Anos de experiência	
2	Método de aquisição da terra (0=herança, 1=arrendamento, 2=compra, 3=arrendamento), 4=arrendamento e compra, 5=herança, arrendamento e compra)	
3	Estimativa da superfície cultivada em cx	
4	Tipo de cultura	
5	Cultura associada (0=Não, 1=Sim)	
6	Superfície irrigada (0=Não, 1=Sim)	
	Frequência da rega/irrigação (2 vezes/mês=1; 3 vezes/mês=2; 4 vezes/mês=3)	
7	Fornecimento de sementes (1=gabinete, 2=mercado, 3=gabinete e mercado)	
8	Bioagressores observados (0=Não, 1=Sim)	
9	Equipamento utilizado (1= charrua de bois, 2= trator, 3= charrua e trator)	
10	Acesso ao crédito (0=Não, 1=Sim) em caso afirmativo, o montante recebido Rep :	
11	Formação agrícola (0=Não, 1=Sim)	
12	Pertença a uma organização de agricultores (0=Não, 1=Sim)	
13	Contacto com um departamento de investigação (0=Não, 1=Sim)	
14	Contacto com agentes de extensão (0=Não, 1=Sim)	
15	Tipo de assistência (0=nenhuma, 1=técnica, 2=financeira, 3=material)	
16	Destino da colheita (1=mercado, 2=consumo doméstico, 3=ambos)	

Secção 3: Itinerário técnico

Operações	Cultura	Quantidade	Período
Preparação do viveiro e sementeira	Alho-porro		
	Cenoura		
	Beterraba		
Preparação do solo	Alho-porro		
	Cenoura		
	Beterraba		
Arrebatamento e nivelamento	Alho-porro		
	Cenoura		
	Beterraba		
Rega/irrigação	Alho-porro		
	Cenoura		
	Beterraba		
Transplantação	Alho-porro		
	Cenoura		
	Beterraba		
Fertilização	Alho-porro		
	Cenoura		
	Beterraba		
Pulverização	Alho-porro		
	Cenoura		
	Beterraba		
Controlo de ervas daninhas	Alho-porro		
	Cenoura		
	Beterraba		
Colheita	Alho-porro		
	Cenoura		
	Beterraba		

Secção 4: custos

N0	Entradas	Designação	Unidade	Cultura	Quantidade	Ct U	Ct total
1	Terra	Um					
	Consumo intermédio						
				Alho-porro			
	Tipo de semente			Cenoura			
				Beterraba			
3				Alho-porro			
	Pesticidas			Cenoura			
				Beterraba			
				Alho-porro			
4	Fertilizantes			Cenoura			
				Beterraba			
6	Equipamentoe equipamento			Alho-porro			
				Cenoura			
				Beterraba			
	Despesas						
		HJ		Cultura	Quantidade monda	Preços	Custo total
		Hj		Alho-porro			
	Salariado MO	Hj		Cenoura			
		Hj		Beterraba			
				Cultura	Quantidade sementeira /repi		
		Hj		Alho-porro			
	Salariado MO	Hj		Cenoura			
		Hj		Beterraba			
	OUTROS CUSTOS						
9				Alho-porro			
	Interesse			Cenoura		U	total

			Beterraba			
Renda fundiária paga ao proprietário			Alho-porro			
			Cenoura			
			Beterraba			
			Alho-porro			
10	Transporte		Cenoura			
			Beterraba			
			Alho-porro			
11	Combustível		Cenoura			
			Beterraba			
	Taxa de irrigação		Alho-porro			
			Cenoura			
			Beterraba			

Secção 5: produção

Produto	Var	Cultura	Quantidade	Vendas PX	Destino da colheita
		Alho-porro			
		Cenoura			
		Beterraba			

Quais são os constrangimentos encontrados neste sector?

Anexo 2: Resultados estatísticos

Quadro 11: Caraterísticas dos agricultores e das explorações agrícolas

Variável		Frequências absolutas	Frequências relativas	Variável	Frequências absolutas	Frequências relativas
	Fornecimento de semente			Formação Agricultura		
Loja entrada		80	71%	Não	70	62%
Andar		33	29%	Sim	43	38%
Total		113	100%	Total	113	100%
	Acesso ao crédito			Organizações de agricultores		
Não		90	80%	Não	54	52%
Sim		23	20%	Sim	49	48%
Total		113	100%	Total	113	100%
Experiência				Assistance		
[2-10]		30	27%	Técnica que	45	40%
[11-18]		23	20%	Finanças era	23	20%
[19-e mais]		60	53%	Materielle	2	2%
Total		113	100%	Não	43	38%
				Total	113	100%
Idade						
[17-37]		25	22%			
[38-48]		70	62%			
[58anos e mais]		18	16%			
Total		113	100%			

Acces-credit

Variable	N	R^2	Adj R^2	CV
Acces-credit	113	0,95	0,92	23,99

Analysis of variance table (Partial SS)

S.V.	SS	df	MS	F	p-value
Model.	26,28	42	0,63	32,85	<0,0001
ref	26,28	42	0,63	32,85	<0,0001
Error	1,33	70	0,02		
Total	27,61	112			

Figura 8: Teste ANOVA sobre a rendibilidade económica e o acesso ao crédito agrícola

niveau-educ.

Variable	N	R^2	Adj R^2	CV
niveau-educ.	113	0,90	0,83	35,29

Analysis of variance table (Partial SS)

S.V.	SS	df	MS	F	p-value
Model.	127,02	42	3,02	14,35	<0,0001
ref	127,02	42	3,02	14,35	<0,0001
Error	14,75	70	0,21		
Total	141,77	112			

Figura 9: Teste ANOVA sobre a rendibilidade e o nível de estudos

For. Agricole

Variable	N	R^2	Adj R^2	CV
For. Agricole	113	0,77	0,63	58,18

Analysis of variance table (Partial SS)

S.V.	SS	df	MS	F	p-value
Model.	21,74	42	0,52	5,61	<0,0001
ref	21,74	42	0,52	5,61	<0,0001
Error	6,46	70	0,09		
Total	28,19	112			

Figura 10: Teste ANOVA sobre a rentabilidade económica e a participação em cursos de formação

Correlation coefficients

Pearson correlation

Variable(1)	Variable(2)	n	Pearson	p-value
ref	ref	113	1,00	<0,0001
ref	age	113	-0,59	<0,0001
ref	T-menage	113	0,24	0,0103
ref	anne-exper	113	0,82	<0,0001
ref	surf-ha	113	0,05	0,5837
ref	Wd-UTH	113	-0,09	0,3385

Figura 11: Teste de Pearson da influência das variáveis quantitativas na rentabilidade económica da zona

Apêndice 3: Lista das fotografias tiradas durante o inquérito

Fotos 2: vue d'une alho-porro da parcela de

Fotos 1: Irrigação de alhos franceses em associação com beterrabas

Fotos 6: vue d'une plot de cenoura

Foto 3: recolha de dados de um agricultor que trabalha no BAC

Foto 5: Venda de cenouras no mercado moderno de Saint-Raphaël.

Foto 4: Venda de beterrabas no mercado moderno de Saint-Raphaël.

More
Books!

info@omniscriptum.com
www.omniscriptum.com
OMNIScriptum